工业机器人工装设计

主　编　马春峰
副主编　杨绪剑　龚俭龙
　　　　　朱　勇　杨文鹏

北京理工大学出版社
BEIJING INSTITUTE OF TECHNOLOGY PRESS

内 容 简 介

本书是职业教育新形态一体化教材，主要围绕企业生产实际中工业机器人典型应用场景下的工装设计、多轴桁架式机械手设计等内容，采用项目引导、任务驱动教学方法，并通过任务描述、学习重点、知识技能、实施案例、经验技巧、任务评价、知识拓展等环节循序渐进。其中实施案例部分给定详细实施过程，方便初学者完成。

本书实现了互联网与传统教育的无缝融合，采用"纸质教材+数字资源"的出版形式，学生通过扫描二维码，即可观看微课、下载设计素材等数字资源，随扫随学，打造高效课堂。

本书可作为高等职业院校、高等专科学校、成人教育高校及本科院校的二级职业技术学院、技术（技师）学院、高级技工学校的教材使用，也可作为机电类专业非标设计从业人员的自学参考书。

图书在版编目（CIP）数据

工业机器人工装设计 / 马春峰主编. -- 北京：北京理工大学出版社，2025. 1.
ISBN 978-7-5763-4852-1

Ⅰ. TP242.2

中国国家版本馆 CIP 数据核字第 2025PU3401 号

责任编辑：赵　岩　　　文案编辑：孙富国
责任校对：周瑞红　　　责任印制：李志强

出版发行 / 北京理工大学出版社有限责任公司
社　　址 / 北京市丰台区四合庄路 6 号
邮　　编 / 100070
电　　话 / （010）68914026（教材售后服务热线）
　　　　　　（010）63726648（课件资源服务热线）
网　　址 / http://www.bitpress.com.cn

版 印 次 / 2025 年 1 月第 1 版第 1 次印刷
印　　刷 / 河北盛世彩捷印刷有限公司
开　　本 / 787 mm×1092 mm　1/16
印　　张 / 14
字　　数 / 320 千字
定　　价 / 76. 00 元

前 言

随着工业生产竞争的日趋激烈，智能工厂、智能生产和智能物流等智能生产体系在国内如火如荼地发展，工业机器人作为关键设备也得以大量应用。在实际生产中工业机器人必须配备不同的机械手和工装才能满足不同生产场景的需要；在高职院校工业机器人技术专业人才培养中，工业机器人工装设计能力也是学生需要掌握的核心技能。编者以工业机器人典型工作场景下的工装、机械手为教学载体，联合企业技术专家，共同编写了这本新形态一体化教材，希望学生通过完成本书给定的案例，学会进行工业机器人工装设计。

一、本书结构

本书根据当前高职院校教学需要，选取工业生产中的工装、机械手应用案例精心编排。全书共5个项目，分别为软件工具及设计资源准备、套筒扳手上下料工装设计、玻璃支撑排架焊接工装设计、薄板转运真空吸盘工装设计、桁架式机械手设计，较为全面地覆盖了工业机器人典型工作场景下的工装设计内容。5个项目下又包含15个教学任务，每个任务包含任务描述、学习重点、知识技能、实施案例、经验技巧、任务评价、知识拓展等环节。

任务描述：对本任务要解决的实际问题进行描述和分析。

学习重点：使学生进一步明确本任务需要重点掌握的内容。

知识技能：给出了要解决实际任务需要学习和掌握的专业知识和技能。

实施案例：引导师生分步完成任务，并将专业知识、设计技巧、资源查找、自主学习能力和小组成员协作沟通等社会能力融入其中。

经验技巧：提供编者多年积累的软件应用技巧，可提升设计效率。

任务评价：根据任务设置不同的配分权重，对任务完成情况进行评价。

知识拓展：列举了与本任务相关的其他知识，以拓展学生的知识面。

二、内容特点

1. 本书采用教、学、做、评一体的教学思路，以实际应用案例为主线，突破课程学习中"重软件技巧、轻整体设计"的局限，给定丰富的设计素材，引导学习内容转向工厂零部件的选型、3D模型文件的调用和整合设计，注重工程师素质培养。每个教学任务都给定参考实施案例，方便初学者完成任务、树立信心，同时鼓励学生开展创新设计。教师可采用过程性考核和创新性考核相结合的方式，促进学生职业技能和职业素养的提升。

2. 本书多名编者来自企业，在内容的组织上打破传统教材的知识结构，充分借鉴企业工程师的工作思路，同时强化工程师的实际工作关注点，并进行了经验的抽取、总结。

3. 得益于现代信息技术的飞速发展，本书配备了完整的教学课件（PPT）、微课视频和实例源文件等新形态一体化学习资源。学生在学习过程中可通过扫描书中的二维码使用。

三、教学建议

本书适合作为高等职业院校工业机器人技术专业、机电一体化专业、电气自动化专业等装备制造大类相关专业的教材，也可作为工程技术人员的参考资料和培训用书。

教师通过对每个项目知识技能部分的讲解和实施案例部分基本操作的演示，使学生掌握相应的基本观念和基本操作；当学生进行实际操作时，可进一步巩固和加强所学知识。建议教师用 32 学时来讲解本书各个项目的内容，学生用 64 学时来完成课程实践，共需要96 学时。具体课时分配建议如下。

序号	内容	分配建议/学时	
		理论	实践
1	软件工具及设计资源准备	9	15
2	套筒扳手上下料工装设计	6	14
3	玻璃支撑排架焊接工装设计	3	9
4	薄板转运真空吸盘工装设计	7	13
5	桁架式机械手设计	7	13

四、致谢

本书由马春峰（威海职业学院）担任主编，由杨绪剑（威海赛威智能科技有限公司）、龚俭龙（广东交通职业技术学院）、朱勇（威海捷诺曼自动化股份有限公司）、杨文鹏（山东铝业职业学院）担任副主编。

在本书的编写过程中，威海赛威智能科技有限公司、威海捷诺曼自动化股份有限公司、哈尔滨工业大学（威海）、广东交通职业技术学院等企业和院校提供了许多宝贵的建议，并给予了支持、鼓励及指导，在此一并致谢。

编者参考了多位同行的文献，在此向文献的作者真诚致谢。由于技术发展日新月异，加之编者水平有限，书中难免存在不妥之处，恳请使用本书的教师和学生批评指正。

编　者
2025 年 1 月

目 录

项目 1 软件工具及设计资源准备

项目导读

工业机器人是通用机电一体化设备，应用时须面向不同的工作对象设计相应的工装，其中工装属于非标设备。SOLIDWORKS 软件界面友好、容易上手，与非标设备相关的品牌气缸、模组、传动件、标准件等在其官网上也提供符合 SOLIDWORKS 软件格式的 3D 模型文件，可以直接下载使用，因而 SOLIDWORKS 软件是非标设备设计行业中最流行的 CAD 软件。在使用该软件进行非标设计的过程中，需要添加符合国标（GB）的设计插件、设计库、材料库，也需要熟悉常用元器件的类型及其查询渠道，以提高工装设计效率、降低制作成本。

对于本项目的学习，学生需要熟悉 SOLIDWORKS 2022 软件的特点，掌握 SOLIDWORKS 2022 软件四大功能模块的基本操作，学会进行各类零部件的查询和 3D 模型文件获取等，为后续项目设计做准备。

学习目标

	知识目标	能力目标	素养目标
学习目标	1. 了解 SOLIDWORKS 2022 软件特点、基本功能 2. 了解 SOLIDWORKS 2022 软件常用基本术语 3. 熟悉 SOLIDWORKS 2022 软件用户界面 4. 了解 SOLIDWORKS 2022 软件相关设置内容 5. 了解非标设计常用零部件类型及获取渠道 6. 掌握 .stp 文件转存方法	1. 掌握 SOLIDWORKS 2022 软件草图工具、特征造型、零部件工程图基本用法 2. 掌握 SOLIDWORKS 2022 软件中装配体文件配合关系的添加方法 3. 能够从网络特别是软件官网上下载所需的工业机器人 3D 模型文件、零部件 3D 模型文件 4. 能够根据自身习惯进行软件设置	1. 培养机械工程师视野 2. 能够自主查找零部件资料 3. 掌握零部件 3D 模型文件的获取渠道 4. 学习软件使用技巧 5. 学会查找设计手册，规范制图

项目 1 知识技能图谱如图 1-0-1 所示。

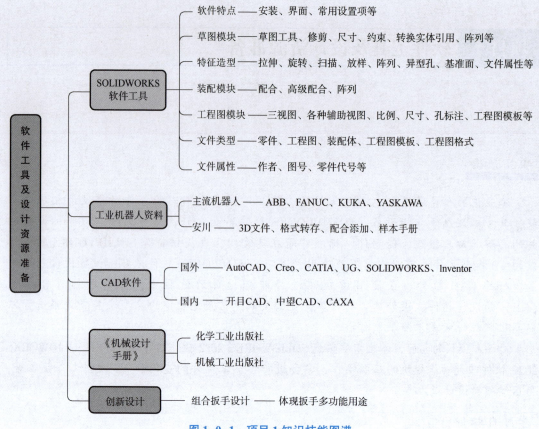

图 1-0-1　项目 1 知识技能图谱

实施建议

1. 实施条件建议

地点：多媒体机房。

设备要求：能够运行 SOLIDWORKS 2022 软件的台式计算机，每人 1 台。

2. 课时安排建议

24 学时。

3. 教学组织建议

学生每 4~5 人组成一个小组，每小组设组长 1 名，在教师的指导下，采用项目导向、任务驱动的方式，根据要求完成设计任务。

任务 1.1　吊钩轮廓草图绘制

【任务描述】

根据给定的吊钩轮廓图（见图 1-1-1），使用 SOLIDWORKS 2022 软件草图工具进行绘制，通过使用约束工具，体会软件操作技巧。

【学习重点】

在熟悉 SOLIDWORKS 2022 软件界面、基本设置、草图基本工具的基础上，通过完成吊钩轮廓草图，掌握灵活应用相切、对齐、尺寸约束等进行快速绘制的方法，体会草图工具相较于传统制图（添加辅助线）方法的便捷性、高效性。

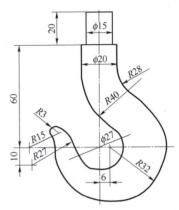

图 1-1-1　吊钩轮廓图

【知识技能】

1.1.1　SOLIDWORKS 2022 软件介绍

SOLIDWORKS 软件由法国达索系统公司开发，是世界上第一个基于 Windows 操作系统开发的三维 CAD 系统，其技术创新符合 CAD 技术的发展潮流和趋势，且上手快、易用、稳定。通过使用该软件，机械设计工程师可以大幅缩短设计时间，产品可以快速、高效地投向市场。由于 SOLIDWORKS 软件使用了 Windows 对象链接与嵌入（object linking and embedding，OLE）技术、直观式设计技术、先进的 Parasolid 内核（由剑桥提供）以及良好的与第三方软件集成的技术，因此它成为全球装机量最大、最好用的 CAD 软件，被航空航天、汽车、食品、机械、国防、交通、模具、电子通信、医疗器械、娱乐工业、日用品/消费品、离散制造等分布于全球 100 多个国家的约 31 000 家企业使用。在教育市场上，每年有来自全球 4 300 所教育机构的近 14.5 万名学生学习 SOLIDWORKS 软件的培训课程。据统计，全世界用户每年使用 SOLIDWORKS 软件的时间已达 5.5×10^7 h。在美国，包括麻省理工学院、斯坦福大学等在内的多所著名大学已经把 SOLIDWORKS 软件列为制造专业的必修内容，国内的一些大学，如电子科技大学、哈尔滨工业大学、清华大学、中山大学、中南大学、重庆大学、浙江大学、华中科技大学、北京航空航天大学、东北大学、大连理工大学等也在应用 SOLIDWORKS 软件进行教学。

1. 软件获取

从正规代理渠道购买软件，获取序列号并正确安装，可以参考 SOLIDWORKS 软件官网，建议安装 SOLIDWORKS 2022 及以上版本。

2. 软件安装注意事项

安装时建议断网、退出全部防护软件，按照提示完成安装，具体注意事项可在机械及 CAD 的自学网站搜索相关帖子和视频。

3. 软件启动

软件启动后窗口如图 1-1-2 所示。

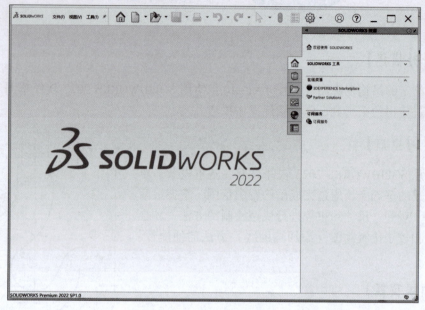

图 1-1-2　软件启动后窗口

4. 软件设置

可对软件界面显示、草图、工程图、文件模板、单位等进行设置，如图 1-1-3 所示。

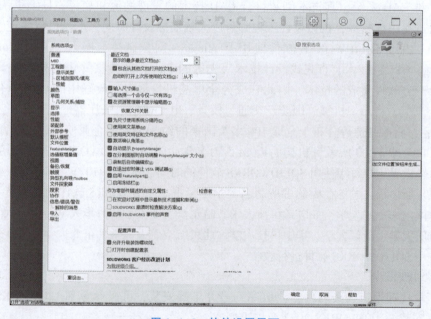

图 1-1-3　软件设置界面

5. SOLIDWORKS 常用文件类型

SOLIDWORKS 常用文件类型有零件文件（.sldprt）、装配体文件（.sldasm）、工程图文件（.slddrw），常用模板文件有零件模板（.prtdot）、装配体模板（.asmdot）、工程图模板（.drwdot），其他文件类型还有颜色文件（.sldclr）、曲线文件（.sldcrv）、复制设定向导文件（.sldreg）、特征零件库文件（.sldlfp）、Form Tool 文件（.sldftp）、阵列表文件（.sldptab）、常用尺寸文件（.sldfvt）、注释文件（.sldnotefvt）、几何公差符号文件（.sldgtolfvt）、表面粗糙度符号文件（.sldsffvt）、焊接符号文件（.sldweldfvt）、块文件（.sldblk）、新材料数据库文件(.sldmat)、材料文件（.sldmat）、特征文件（.sldlfp）。

系统选项设置

6. SOLIDWORKS 软件常用功能模块

作为主流 3D 设计软件，SOLIDWORKS 软件在非标自动化设计领域应用最为广泛。其中必须掌握的基本功能包括 3D 建模、3D 装配、工程图，以及在 3D 设计过程中常用的测量、质量属性、干涉检查等工具。

1.1.2 新建文件

新建文件的方法：选择"文件"→"新建"命令，系统弹出"新建 SOLIDWORKS 文件"对话框。建立新文件的模式有两种：一种是新手模式，另一种是高级模式，如图 1-1-4、图 1-1-5 所示。

常用文件类型及文件管理

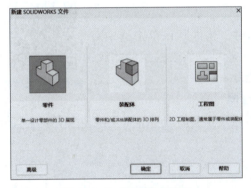

图 1-1-4　新手模式界面

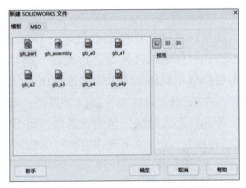

图 1-1-5　高级模式界面

在高级模式对应的"新建 SOLIDWORKS 文件"对话框中选择零件设计模板（gb_part）后，单击"确定"按钮，出现零件设计界面，如图 1-1-6 所示。

该界面由菜单栏、视图工具条、命令管理器、特征管理（FeatureManager）设计树、状态栏、图形区域、特征管理过滤器、属性管理器（PropertyManager）、组态管理器（ConfigurationManager）、尺寸专家（DimXpertManager）、任务窗格等组成，各部分的功能介绍如下。

1. 菜单栏、视图工具条、命令管理器

用户可以在菜单栏、视图工具条、命令管理器中选择命令。

2. 特征管理设计树

特征管理设计树记录建模步骤，是特征查询、管理、修改等操作的控制中心。

3. 状态栏

状态栏显示当前命令的功能介绍及当前的状态，如当前光标处的坐标值、正在编辑的草图或正在编辑的零件等，初学者应注意其中的信息提示。

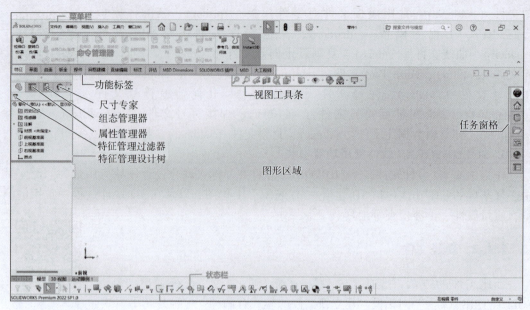

图 1-1-6　零件设计界面

4. 图形区域

图形区域是制作模型的区域。对模型操作时，软件默认单击选中对象，按住鼠标滚轮对模型进行旋转，滚动鼠标滚轮可以实现模型的缩放，右击可以启用鼠标笔势以快速选择预先设定的指令。

零件设计及保存

5. 特征管理设计树、属性管理器、组态管理器

特征管理设计树、属性管理器、组态管理器通过相应的选项卡来切换，当安装并打开其他插件时，该处会出现相应插件的选项卡。

6. 尺寸专家

尺寸专家选项卡下有 9 个选项，分别对应自动尺寸方案、自动配对公差、基本位置尺寸、基本大小尺寸、常规轮廓公差、显示公差状态、复制模式、输入模式及 TolAnalyst 算例。

7. 任务窗格

任务窗格包括 SOLIDWORKS 资源、设计库、文件探索器、视图调色板、外观、布景和贴图、自定义属性等命令。

1.1.3　草图工具

SOLIDWORKS 软件的 3D 建模思想是先进行草图的绘制，再进行实体和特征的创建。因此，草图工具的使用是软件学习的第一步。一般先在零件文件中选择一个基准平面开始草图的绘制，如图 1-1-7 所示，选择"前视基准面"→"草图绘制"⬚命令，打开草图界面，如图 1-1-8 所示。

1. 基本草图工具

基本草图工具包括直线、边角矩形、圆、圆弧、样条曲线、直槽口、多边形、圆角、椭圆、文本、点、上色草图轮廓等，如图 1-1-9 所示。

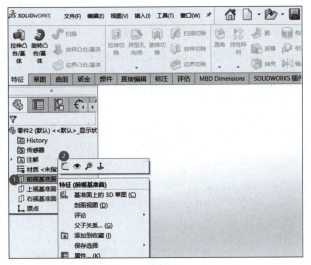

图 1-1-7　选择基准平面创建草图

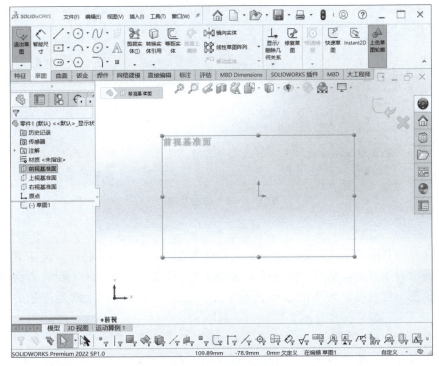

图 1-1-8　草图界面

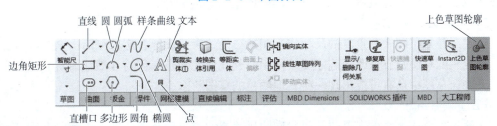

图 1-1-9　基本草图工具

2. 草图状态

在绘图过程中要注意观察草图的颜色（默认设置），不同的颜色代表不同的草图状态，如图 1-1-10 所示。草图状态由草图中几何体之间的约束和尺寸来定义。大多数时候，草图都处于三种定义（欠定义、完全定义和过定义）状态之一。一个完整的草图，应处于完全定义状态。

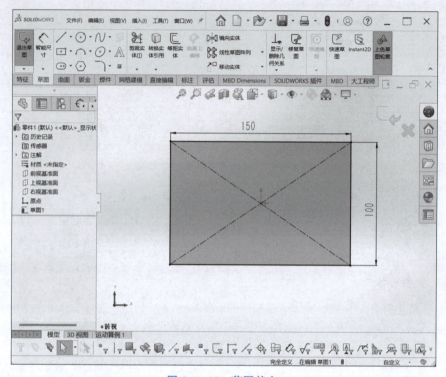

图 1-1-10　草图状态

1）欠定义——蓝色

欠定义是指草图的不确定定义状态，此种草图也可以用来创建特征。欠定义状态说明在此阶段并没有足够的信息对草图进行全面的定义。随着设计的深入，设计者会逐步得到更详细的信息，这时可以为草图添加其他定义。欠定义草图几何元素是蓝色的，可改变形状。

2）完全定义——黑色

完全定义是指草图具有完整的信息。完全定义草图几何元素是黑色的（默认设置）。一般来说，零件设计完成后，每个草图都应该是完全定义的。

3）过定义——红色

过定义是指草图中有重复的尺寸或互相冲突的约束，设计者应该删除多余的尺寸或约束。过定义的草图只有修改正确才能被使用，其几何元素是红色的（默认设置）。

另外，草图中还有可能出现一些其他颜色的草图状态。

1）无解——粉色

无解是指系统无法根据草图几何元素的尺寸或约束得到合理的解。无解的草图几何元素用粉色表示。

2）无效几何体——黄色

无效几何体是指草图虽可被解出但解出的几何体无效的一种草图状态，如零长度线段、零半径圆弧或相交叉的样条曲线等。无效几何体的草图几何元素用黄色表示。

3）悬空——褐色

悬空是指基于各种原因，草图中存在的约束或尺寸找不到原来的参考，导致关系和尺寸悬空。悬空的草图几何元素用褐色表示。

基本草绘工具

3. 草图工具

草图工具操作方法如表 1-1-1 所示。

表 1-1-1　草图工具操作方法

图标	名称	鼠标光标	操作示例	绘制方法与说明
	直线			单击→移动鼠标光标→单击→移动鼠标光标→单击，双击或按 Esc 键结束
	中心线			绘制方法同直线；中心线是构造线，用作镜像轴线、旋转轴线或其他辅助线
	中点线			绘制方法同直线
	圆心/起点/终点画弧			首先指定圆心 1，然后指定圆弧的起点 2 和终点 3
	切线弧			首先选择线段的端点 1 作为切点，然后拖动出相切的圆弧
	3 点圆弧			首先定出圆弧的端点 1 和 2，然后定出弧上第三点 3
	圆			指定圆心 1 和圆周上一点 2
	周边圆			给出圆弧上 3 个点 1、2、3

续表

图标	名称	鼠标光标	操作示例	绘制方法与说明
	边角矩形			给出矩形的对角点 1、2
	平行四边形			依次给出平行四边形的 3 个点 1、2、3
	椭圆			给出椭圆的中心点 1、短轴端点 2、长轴端点 3
	抛物线			给出抛物线的焦点 1 及两个端点 2、3
	圆锥			给出两个端点 1、2，锥形曲线的顶点 4 和用于控制圆锥曲线 Rho 值的点 3
	样条曲线			依次给出样条的起点、中间点，在终点处双击或按 Esc 键
	多边形			给出多边形的中心点 1 和一个角点 2，多边形的边数、角度、内接圆的直径在属性管理器中定义
	文本			选择文字的插入点，在属性管理器中定义文字的相关属性

4. 添加约束

为草图添加约束可以很容易地控制草图形状、表达造型与设计意图。添加约束是参数化 CAD 系统的一个重要功能。系统可以自动添加约束，但自动添加的约束不一定符合设计意图，此时需设计者手动添加适当的约束。

（1）添加约束。

添加中心对称约束前后的草图如图 1-1-11 及图 1-1-12 所示。

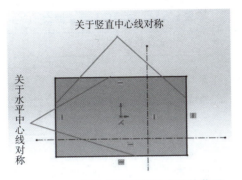

图 1-1-11　添加中心对称约束前的草图

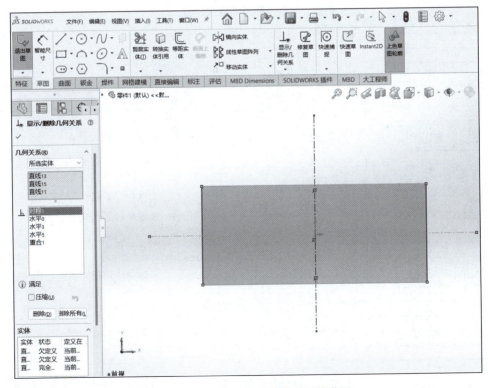

图 1-1-12　添加中心对称约束后的草图

（2）添加约束时应注意的事项如下。

① 在为直线添加约束时，该约束是相对于无限长的直线而不是仅仅相对于草图线段或实际边线。因此，当设计者希望一些实体接触时，可能实际上并未接触。

② 在生成圆弧或椭圆弧的约束时，约束是相对于整圆或椭圆的。

③ 为不在草图基准面上的实体建立约束时，所产生的约束应用于此实体在草图基准面上的投影。

④ 当使用"等距实体"及"转换实体引用"命令时，会自动产生额外的约束。

（3）常用图形元素约束包含水平、垂直、平行等，如表 1-1-2 所示。

草绘约束工具

表 1-1-2　常用图形元素约束

约束类型	实体选择	约束结果
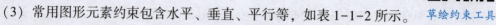 水平(H)　竖直(V)	一条或多条直线、两个或多个点	直线会变成水平或竖直直线（由当前草图的空间定义），而点会水平或竖直对齐
固定(F)	任何实体	实体的大小和位置被固定
相切(A)	一圆弧、椭圆或样条曲线及一直线或圆弧	两个实体保持相切
共线(L)	两条或多条直线	实体位于同一条直线上
垂直(U)	两条直线	两条直线相互垂直
平行(E)	两条或多条直线；3D 草图中一条直线和一个基准面（或平面）	实体相互平行；直线平行于所选基准面
全等(R)	两段或多段圆弧	实体会使用相同的圆心和半径
合并(G)	两个草图点或端点	两个点合并成一个点
对称(S)	一条中心线和两个点、椭圆、两条直线或两段圆弧	实体保持与中心线相等距离，并位于一条与中心线垂直的直线上
交叉点(I)	两条直线和一个点	点位于直线的交叉处

续表

约束类型	实体选择	约束结果
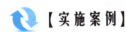 重合(D)	一个点和一条直线、一段圆弧或一个椭圆	点位于直线、圆弧或椭圆上
◎ 同心(N)	两段或多段圆弧，一个点和一段圆弧	圆弧共用一个圆心
⟋ 中点(M)	一个点和一条直线	点位于线段的中点
= 相等(Q)	两条或多条直线，两个或多个圆弧	直线长度或圆弧半径保持相等
穿透(P)	一个草图点和一个基准轴、边线、直线或样条曲线	草图点与基准轴、边线、直线或样条曲线在草图基准面上穿透的位置重合，穿透约束用于使用引导线扫描中
⌒ 曲线长度相等(L)	两条样条曲线	曲率半径和向量（方向）在两条样条曲线之间相符

【实施案例】

1.1.4 草图绘制

1. 绘图思路

（1）分析图形由哪些图形元素构成。本例由矩形①、线段②③④、圆弧⑤~⑪组成，如图1-1-13所示。

（2）根据图形特点，合理选择图形元素进行原点定位；绘制与原点相关的图形元素，并添加尺寸约束，确定其大小。本例首先在原点绘制水平与竖直构造线，并以原点为圆心绘制圆弧⑩。

（3）以绘制的第一个图形元素为基础，利用其连接关系合理选用草图绘制工具，依次自由完成图形元素绘制（在此过程中无须添加约束，只完成图形元素基本形状即可）。

（4）最后，充分利用对齐、相切、重合等约束进行图形元素定位，标注尺寸完成图形绘制（尺寸也可看作一种约束）。

草绘编辑工具

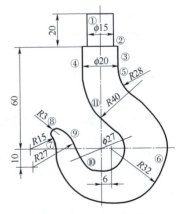

图 1-1-13　案例草图

2. 绘图步骤

（1）选择"前视基准面"作为草图绘制平面，选择"前视基准面"→"草图绘制"⧉命令。

项目 1　软件工具及设计资源准备

（2）绘制通过原点相互垂直的两条构造线和圆弧⑩（中心点圆弧法），如图 1-1-14 所示。

（3）从圆弧⑩左下角，用三点圆弧法绘制具有相切关系的圆弧⑨，给定尺寸，如图 1-1-15 所示。

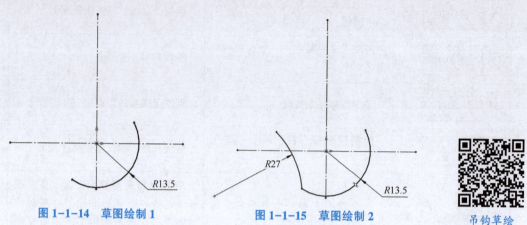

图 1-1-14　草图绘制 1　　　　　　图 1-1-15　草图绘制 2　　　　　　吊钩草绘

（4）分别从圆弧⑨左上端点出发，用三点圆弧法依次绘制圆弧⑧⑦⑥⑤，再从圆弧⑩右上端点出发绘制圆弧⑪，如图 1-1-16 所示，并完成各圆弧形状尺寸的标注。

（5）按住 Ctrl 键，依次选中圆弧⑩和圆弧⑨，添加圆弧间的相切约束，如图 1-1-17 所示。

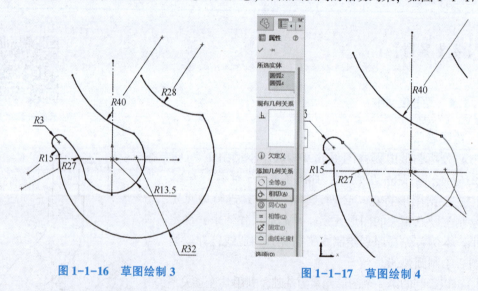

图 1-1-16　草图绘制 3　　　　　　图 1-1-17　草图绘制 4

（6）依次添加其余圆弧间的相切约束，如图 1-1-18 所示。

（7）用两点直线绘制直线段②③④，如图 1-1-19 所示。

（8）添加直线段②的尺寸，利用约束使垂直构造线顶点作为直线段②的中心点，添加直线段③④与下方对应圆弧间的相切约束，如图 1-1-20 所示。

（9）添加 60、10、6 三个尺寸约束，如图 1-1-21 所示。

（10）添加 R15 和 R32 两个圆弧的圆心与水平构造线重合约束，如图 1-1-22 所示。

（11）参照上述做法，完成上方矩形①绘图，但要删除底边，如图 1-1-23 所示。

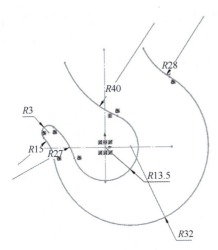

图 1-1-18　草图绘制 5

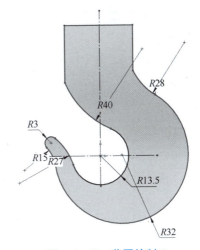

图 1-1-19　草图绘制 6

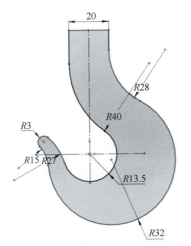

图 1-1-20　草图绘制 7

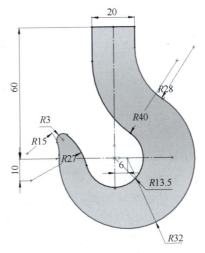

图 1-1-21　草图绘制 8

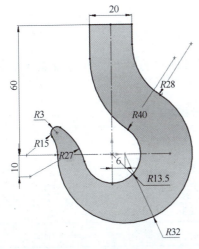

图 1-1-22　草图绘制 9

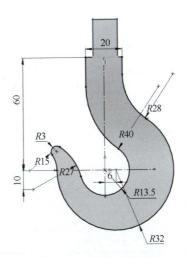

图 1-1-23　草图绘制 10

（12）按住 Ctrl 键，依次选中矩形两条垂直边和垂直参考线，添加对称约束，如图 1-1-24 所示。

（13）添加 20、15 两个尺寸，完成绘图，如图 1-1-25 所示。

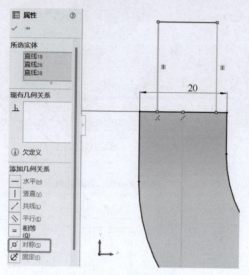

图 1-1-24　草图绘制 11

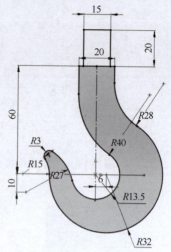

图 1-1-25　草图绘制 12

 【经验技巧】

（1）先绘制所有图形元素，再充分利用对齐、相切等约束。

（2）把尺寸也当作一种约束，绘制第一个图形元素时最好添加尺寸约束，以便于限定图形显示大小，使图形保持在图形区域内。

（3）可以灵活应用草图点工具，以方便捕捉不易选取的图形元素象限点、圆心等。

（4）养成习惯，把所有图形元素都充分约束，以全部显示为黑色为准。

（5）当尺寸显示为小数时，在图形区域右下角更改文件单位为"MMGS"（毫米、克、秒），即可完成切换。

【任务评价】

对学生提交的零件草图文件或者草图屏幕截图进行评价，配分权重表如表 1-1-3 所示。

表 1-1-3　配分权重表

序号	考核项目	评价标准	配分	得分
1	图形元素完整性	每错一处扣 4 分	30	
2	图形元素完全约束	每少一处扣 4 分	20	
3	图形元素尺寸正确	每错或少一处扣 2 分	30	
4	平时表现	考勤、作业提交	20	

【知识拓展】

1.1.5 国外 CAD 软件及特点

1. AutoCAD

AutoCAD 是美国 Autodesk 公司开发的一个交互式绘图软件，它是一款既可以用于 2D 绘图也可以用于基础 3D 设计的软件，具有较强的绘图、编辑、剖面线和图案绘制、尺寸标注以及方便用户二次开发的功能。它是目前世界上应用最广的 CAD 软件，装机量占全球 CAD/计算机辅助工程（CAE）/计算机辅助制造（CAM）软件市场的 37% 左右，是诸多 CAD 软件中的佼佼者，把其他 CAD 软件，如 CADKEY、EagleCAD、CAD-PLAN 等远远抛在了后面。

2. Creo

Creo 软件是美国参数技术公司（Parametric Technology Corporation，PTC）的产品，它刚一面世（1988 年），就以其先进的参数化设计、基于特征设计的实体造型而深受用户的欢迎，随后，各大 CAD/CAM 公司也纷纷推出了基于约束的参数化造型模块。此外，Creo 软件一开始就建立在工作站上，使系统独立于硬件，便于移植。该软件用户界面简洁，概念清晰，符合工程人员的设计思想与习惯。Creo 软件整个系统建立在统一的数据库上，具有完整而统一的模型，能将整个设计甚至生产过程集成在一起，它一共有 20 多个模块供用户选择。基于以上原因，Creo 已成为 3D 机械设计领域里最富有魅力的软件，其销售额和用户群正以极快的速度增加。

3. CATIA

CATIA 软件是法国达索系统公司开发的产品。该软件是在 CADAM 系统（原由美国洛克希德公司开发，后并入美国 IBM 公司）基础上扩充开发的，在 CAD 方面购买了原 CAD-AM 系统的源程序，在加工方面则购买了有名的 APT 系统的源程序，并经过几年的努力，形成了商品化的软件。CATIA 软件如今已经发展为集成化的 CAD/CAE/CAM 软件，它具有统一的用户界面、数据管理以及兼容的数据库和应用程序接口，并拥有 20 多个独立计价的模块。该软件的工作环境是 IBM 主机以及 RISC/6000 工作站。如今 CATIA 软件在全世界 30 多个国家拥有近 2 000 家用户，美国波音飞机公司的波音 777 飞机便是其杰作之一。

4. Unigraphics（UG）

UG 软件起源于美国麦道（MD）公司的产品，1991 年 11 月并入美国通用汽车公司电子数据系统（EDS）分部。如今 EDS 是全世界最大的信息技术服务公司，UG 软件由其独立子公司 Unigraphics Solutions 开发。UG 是一个集 CAD、CAE 和 CAM 于一体的机械工程辅助软件，适用于航空航天器、汽车、通用机械以及模具等的设计、分析及制造工程。该软件可在 HP、Sun、硅谷图形（SGI）等工作站上运行，MD 公司称安装总数近 3 万台。UG 软件采用基于特征的实体造型，具有尺寸驱动编辑功能和统一的数据库，实现了 CAD、CAE、CAM 之间无数据交换的自由切换，具有很强的数控加工能力，可以进行 2~5 轴甚至更多轴的铣削加工、2~4轴的车削加工和电火花线切割、3~5轴联动的复杂曲面加工和镗铣。UG软件还提供了二次开发工具GRIP（图形交互程序）、UFUN（二次开发函数）、ITK（集成工具包），并允许用户扩展其功能。

5. SOLIDWORKS

SOLIDWORKS是一套基于Windows操作系统的CAD/CAE/CAM/PDM（产品数据管理）桌面集成软件，是由美国SOLIDWORKS公司于1995年11月研制开发的。该软件采用自顶向下的设计方法，可动态模拟装配过程，并采用基于特征的实体建模，同时具有中英文两种界面可供选择，其先进的特征树结构使操作更加简便和直观。该软件于1996年8月由香港生信国际有限公司正式引入中国，由于其基于Windows平台，而且价格合理，因此在我国具有广阔的市场前景。

6. Inventor

Inventor是美国Autodesk公司推出的一款3D可视化实体模拟软件，目前已推出最新版本Inventor2025，同时还推出了在售iPhone版本。该软件具有用于缆线和束线设计、管道设计及电路板设计IDF文件输入的专业功能模块，业界领先的有限元分析（FEA）功能（该功能让用户可以直接在Inventor软件中进行应力分析）。

1.1.6　国内CAD软件及特点

1. 开目CAD

开目CAD是华中科技大学机械学院开发的、具有自主版权的、基于Windows平台的CAD和图纸管理软件，它面向工程实际，模拟人的设计绘图思路，操作简便，机械绘图效率比AutoCAD高得多。开目CAD支持多种几何约束种类及多视图同时驱动，具有局部参数化的功能，能够处理设计中的过约束和欠约束情况。开目CAD实现了CAD、计算机辅助工艺设计（CAPP）、CAM的集成，适合我国设计人员的习惯，是全国CAD应用工程主推产品之一。

2. 中望CAD

中望CAD是中望软件自主研发的第三代二维CAD平台软件，其凭借良好的运行速度和稳定性，完美兼容主流CAD文件格式，界面友好易用、操作方便，能够帮助用户高效顺畅完成设计绘图。该软件支持云移动办公：通过第三方云服务，配合中望CAD派客云图实现跨终端移动办公解决方案，满足更多个性化设计需求。中望CAD机械版是市场上应用广泛的创新型机械设计专业软件，支持GB、国际标准化组织（ISO）、美国国家标准学会（ANSI）、德国标准化学会（DIN）、日本工业标准（JIS）、英国标准协会（BSI）、法国标准化高效委员会（CSN）、俄罗斯国家标准（GOST-R）等常用标准，具备齐全的机械设计专用功能，可大幅提高工程师设计质量与效率；同时，该软件通过智能化的图库、图幅、图层、物料清单（BOM）等管理工具实现绘图环境定制，并可同步到企业内部所有用户端，实现企业图纸文件的规范化、标准化管理。

3. CAXA

CAXA软件由北京数码大方科技股份有限公司（简称数码大方）研发。数码大方基于自主内核和平台 CAD/PLM（数字化管理）做精做强 CAXA 系列软件，同时开放 CAD/PLM，支持合作伙伴开发仿真 CAE、BIM、行业和专业 CAD 等各类应用软件。公司积极融入国家信息技术应用创新体系，使 CAXA 软件实现对国产 CPU 和国产操作系统的全面兼容适配。CAXA CAD 软件拥有自主的 3D 和 2D 软件、自主的 CAD 内核和平台、自主的文件格式，具备开放 API，支持第三方应用开发。CAXA CAD 软件具有一体化的鲜明特色，包括 3D/2D 一体化、CAD/CAPP/CAM 一体化、生态一体化。CAXA CAD 软件易学易用、并兼容其他 CAD 数据和操作习惯，可提供二维 CAD、三维 CAD、工艺 CAPP，以及 2~5 轴 CAM 数控铣、数控车和线切割软件，满足企业营销报价、方案评审、研发设计、分析仿真、工艺设计、数控编程、维修运维等应用场景。

任务 1.2　套筒扳手毛坯 3D 造型及出图

【任务描述】

根据图 1-2-1 给定的套筒扳手作业指导书，按照表格内任意一组尺寸参数，使用 SOLIDWORKS 2022 软件 3D 造型工具完成外圆车削后的零件 3D 示意图（见图 1-2-2），体会软件操作技巧。

高端制造业青睐技能型人才

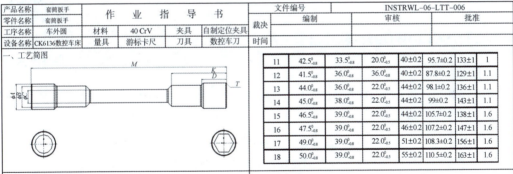

图 1-2-1　套筒扳手作业指导书

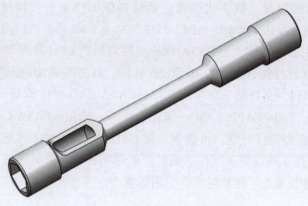

图 1-2-2　套筒扳手 3D 示意图

【学习重点】

掌握零件文件和工程图文件的创建、属性添加，进一步熟悉多边形等草图工具的使用，掌握拉伸、拉伸切除、倒圆角、旋转建模等建模工具的使用，体会软件各控制命令的作用和效果。学会调用工程图模板，掌握工程图视图、尺寸的添加，标题栏信息的文字属性链接的添加，以及各种工程图，特别是剖视图的添加。

【知识技能】

1.2.1　SOLIDWORKS 软件造型工具

拉伸工具

1. 拉伸

拉伸特征是指将一个 2D 平面草图，按照给定的数值，沿与平面垂直的方向拉伸一段距离形成的特征，操作方式如下。

（1）草图绘制完成后，选择"特征"→"拉伸凸台/基体"命令，如图 1-2-3 所示。

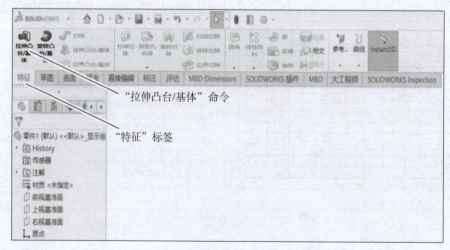

图 1-2-3　选择"特征"→"拉伸凸台/基体"命令

（2）此时系统打开"凸台-拉伸"属性管理器，如图1-2-4所示。

（3）在"方向1（1）"选项组的"反向" 按钮右侧下拉列表框中选择拉伸的终止条件，有以下几种情况。

① 给定深度：从草图的基准面拉伸到指定的距离平移处，以生成特征。

② 完全贯穿：从草图的基准面拉伸直到贯穿所有现有的几何体。

③ 成形到下一面：从草图的基准面拉伸到下一面（隔断整个轮廓），以生成特征。下一面必须在同一零件上。

④ 成形到一面：从草图的基准面拉伸到所选的曲面以生成特征。

以上几种情况的效果图如图1-2-5所示。

⑤ 成形到实体：从草图基准面拉伸草图到所选实体。

⑥ 两侧对称：从草图基准面向两个方向对称拉伸。

⑦ 到离指定面指定的距离：从草图的基准面拉伸到离某面或曲面的特定距离处，以生成特征。

以上几种情况的效果图如图1-2-6所示。

图1-2-4 "凸台-拉伸"属性管理器

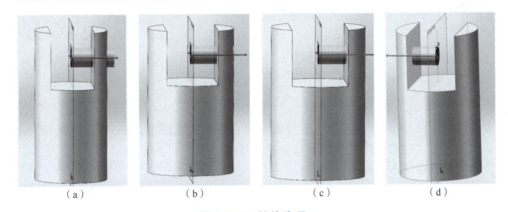

| （a） | （b） | （c） | （d） |

图1-2-5 拉伸选项一

（a）给定深度；（b）完全贯穿；（c）成形到下一面；（d）成形到一面

| （a） | （b） | （c） |

图1-2-6 拉伸选项二

（a）成形到实体；（b）两侧对称；（c）到离指定面指定的距离

（4）在右侧的图形区域中检查预览。如果需要，单击"反向"按钮，向另一个方向拉伸。

（5）在"深度"文本框中输入拉伸的深度。

（6）如果要给特征添加一个拔模，单击"拔模开/关"按钮，然后输入一个拔模角度，拔模设置和结果如图1-2-7所示。

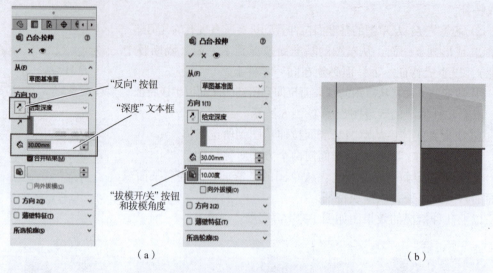

（a）　　　　　　　　　　　　　　　　　　　（b）

图1-2-7　拔模设置和结果

（a）拔模设置；（b）拔模结果

2. 拉伸切除

拉伸切除特征与拉伸凸台/基体特征都是由截面轮廓草图经过拉伸而成的，不同的是拉伸切除特征是在已有实体基础上减量生成新特征。

拉伸切除的操作步骤如下。

（1）保持草图处于激活状态，选择"特征"→"拉伸切除" 命令，如图1-2-8所示。

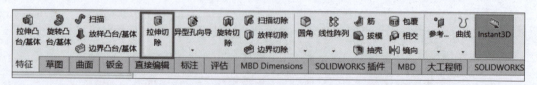

图1-2-8　选择"特征"→"拉伸切除"命令

（2）此时系统打开"切除-拉伸2"属性管理器，如图1-2-9所示。

（3）在"方向1（1）"选项组中执行如下操作。在"反向"按钮右侧的下拉列表框中选择"给定深度"命令。如果勾选"反侧切除"复选框，则将生成反侧切除特征。单击"反向"按钮，可以向另一个方向切除。单击"拔模开/关"按钮，可以给特征添加拔模效果。

（4）如果有必要，勾选"方向2（2）"复选框，将拉伸切除应用到第二个方向。

图 1-2-9 "切除-拉伸 2" 属性管理器

（5）单击"确定" ✔ 按钮，完成拉伸切除特征的创建。

不同形式的拉伸切除效果如图 1-2-10 所示。

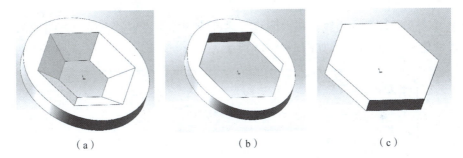

（a）　　　　　　　　　　（b）　　　　　　　　　　（c）

图 1-2-10　不同形式的拉伸切除效果

（a）拉伸切除；（b）反侧切除；（c）拔模切除

3. 倒角

在零件设计过程中，通常会对锐利的零件边角进行倒角处理，以免其伤人或使零件应力集中，从而便于搬运、装配等。此外，有些倒角特征也是机械加工过程中不可缺少的工艺。倒角的操作步骤如下。

（1）选择"特征"→"圆角"命令。

（2）在下拉列表框中选择"倒角"命令（见图 1-2-11），系统打开"倒角"属性管理器。

图 1-2-11　选择"倒角"命令

（3）在"倒角"属性管理器中选择倒角类型。

① 角度距离：在所选边线上指定距离和倒角角度来生成倒角特征。

② 距离-距离：在所选边线的两侧分别指定两个距离值来生成倒角特征。

③ 顶点：在与顶点相交的 3 条边线上分别指定距顶点的距离来生成倒角特征。

不同形式的倒角效果如图 1-2-12 所示。

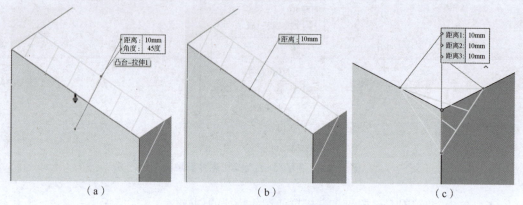

图 1-2-12　不同形式的倒角效果

（a）角度距离；（b）距离-距离；（c）顶点

（4）单击需要倒角的边线，在"倒角"属性管理器中设置符合设计意图的倒角参数，指定其尺寸值（或角度值），如图 1-2-13 所示。

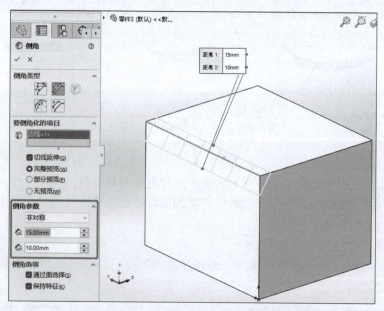

图 1-2-13　倒角参数设置

如果勾选"保持特征"复选框，则应用倒角特征时会保持零件的其他特征。

对比有无保持特征效果如图 1-2-14 所示。

（5）倒角参数设置完毕，单击"确定"按钮，生成倒角特征。

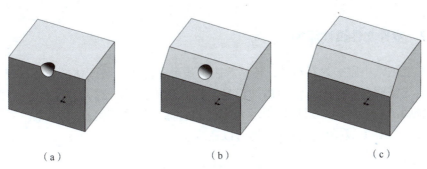

（a） （b） （c）

图 1-2-14 对比有无保持特征效果

（a）原始图形；（b）保持特征；（c）取消保持特征

4. 异型孔

异型孔特征是指在已有零件上生成各种类型的孔。

异型孔特征主要包括柱形沉头孔、锥形沉头孔、孔、直螺纹孔、锥形螺纹孔、旧制孔、柱孔槽口、锥孔槽孔、槽孔 9 种，异型孔的类型和位置都是在"孔规格"属性管理器中设置的。异型孔的操作步骤如下。

（1）选择"特征"→"异型孔向导"命令，如图 1-2-15 所示。

图 1-2-15 选择"特征"→"异型孔向导"命令

倒角和孔工具

（2）如图 1-2-16 所示，在"孔类型"选项组中根据需要的数值更改孔规格，然后单击"位置"标签，添加孔的位置。

（3）右击异型孔特征下的第一个草图，如图 1-2-17 所示，在弹出的快捷菜单中选择"编辑草图"命令，标注添加点的定位尺寸（也可提前做好草图或者通过关联参考捕捉孔位）。

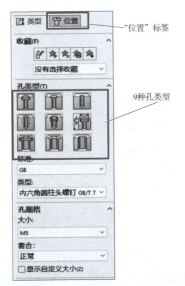

图 1-2-16 "孔类型"选项组

图 1-2-17 选择草图

1.2.2 零件文件属性添加

要在总装图纸中添加材料清单，使清单表格显示零件或者装配体的名称、代号、备注等属性，首先需要在零件的属性中添加信息。打开零件文件，选择"文件"→"属性"命令。在系统弹出的"属性"对话框中填入零件的名称、代号等信息，如图1-2-18所示，单击"确定"按钮完成操作，其他属性可以在后面手动添加。

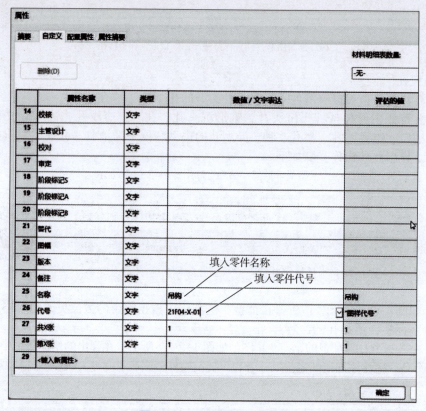

图1-2-18 "属性"对话框

1.2.3 工程图

SOLIDWORKS软件提供了丰富的工程图制图功能，现阶段机械相关专业从业者通过该软件从3D向2D出图可以节省大量时间。一个SOLIDWORKS工程图文件可以包含一张或多张图纸，每张图纸可以包含多个工程图。用户可以利用同一个文件建立一个零件的多张图纸或多个零件的工程图。每张单独的图纸都包含两个独立的部分：图纸和图纸格式。图纸用于建立视图和注解，图纸格式的内容相对保持不变，包括图框和标题栏等。

在建立工程图文件时，首先要指定图纸格式，工程图的内容可通过以下方法获得。

（1）视图可由SOLIDWORKS设计的实体模型直接生成，也可基于现有视图新建。

（2）尺寸可以在生成工程图时直接插入，也可以由尺寸标注工具标注生成。

（3）技术要求的内容包括尺寸公差、形位公差、表面粗糙度和文本等，可由模型给定，也可在工程图中生成。

在工程图文件中可以设置链接模型的参数，如零件的材料、质量等，这些参数链接到格式文件后，在建立工程图时就会自动更新。

零件、装配体和工程图是相互关联的，对零件和装配体进行的修改会同步更新到工程图文件，反之亦然。

1. 新建工程图

工程图包含一个或多个由零件或装配体生成的视图。在生成工程图之前，必须保存与其相关的零件或装配体，3D 模型的任何修改都可以同时反映到由其生成的工程图上，如图 1-2-19 所示。

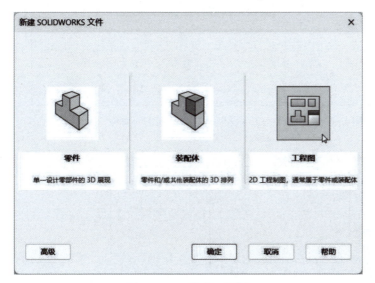

图 1-2-19　新建工程图

L 型支架工程图

2. 三视图添加

标准三视图的启动方式为选择"工程图"→"标准三视图" 命令或选择"插入"→"工程图视图"→"标准三视图"命令。

创建标准三视图应先打开 3D 模型文件，然后生成工程图，具体步骤如下。

（1）打开零件或装配体文件（见图 1-2-20），选择"文件"→"从零件制作工程图"命令（或者打开包含所需模型视图的工程图文件）。

（2）如图 1-2-21 所示，选择"工程图"→"标准三视图"命令，系统打开"标准三视图"属性管理器。可以看到文件名已经列在"打开文档"选项组中。

（3）双击文件名，并在图形区域中单击，生成标准三视图，如图 1-2-22 所示。

图 1-2-20　零件
3D 模型图

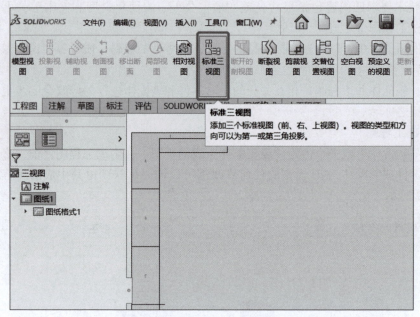

图 1-2-21　选择"工程图"→"标准三视图"命令

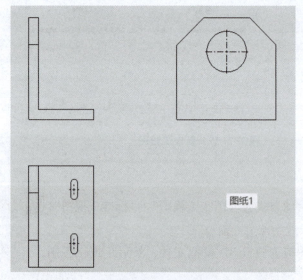

图 1-2-22　标准三视图

3. 比例设置

（1）如图 1-2-23 所示，在特征管理设计树中选择"图纸 1"节点。

（2）右击"图纸 1"节点，在弹出的快捷菜单中选择"属性"命令，如图 1-2-23 所示。

（3）系统弹出"图纸属性"对话框，如图 1-2-24 所示，将默认比例 1∶1 改为 2∶1，如图 1-2-25 所示。

（4）在工程图右下角单击比例可设置用户定义的图纸比例，如图 1-2-26、图 1-2-27 所示。

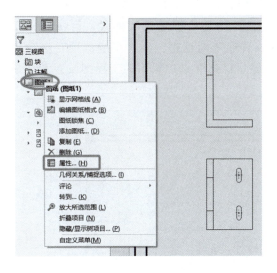

图 1-2-23 图纸属性

图 1-2-24 "图纸属性"对话框

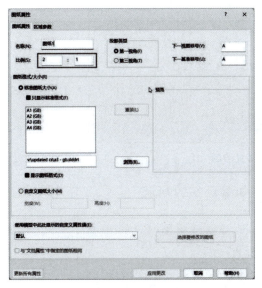

图 1-2-25 更改比例

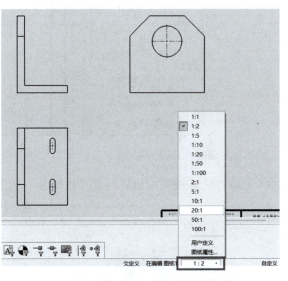

图 1-2-26 工程图右下角比例设置

图 1-2-27 用户定义的图纸比例

4. 显示状态设置

（1）在"工程图视图 12"属性管理器中，可以设置工程图的显示样式，如图 1-2-28 所示。当处于隐藏线可见或消除隐藏线模式时，可为切边显示选取样式。可选择"工具"→"选项"命令，系统弹出"系统选项（S）-普通"对话框，在"系统选项"选项卡中，选择"工程图"→"显示类型"节点，在"显示样式"选项组中为工程图设置默认显示状态。

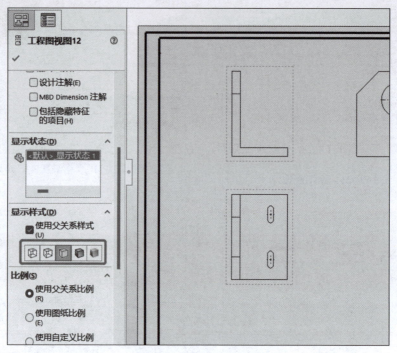

图 1-2-28　显示样式控制

（2）在 3D 视图中也可更改零件的显示状态，如图 1-2-29 所示。

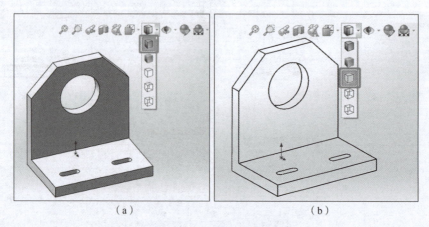

（a）　　　　　　　　　　　　　（b）

图 1-2-29　显示状态控制

（a）带边线上色；（b）消除隐藏线

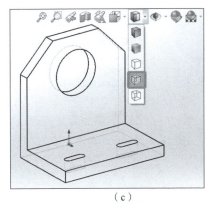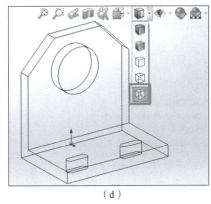

（c）　　　　　　　　　　　　　　（d）

图1-2-29　显示状态控制（续）

（c）隐藏线可见；（d）线架图

5. 尺寸标注

工程图用于零部件的制造，因此要能详细表达产品的各种信息，包括产品的几何形状信息，以及描述产品材料、公差、螺纹和焊接等的信息。在SOLIDWORKS软件中，工程图与零件和装配体的信息是互联的，可以将3D模型的尺寸和工程语义信息调入工程图，也可从3D模型中调入尺寸。

每个零件生成特征时所产生的尺寸，可插入各个工程图视图。更改模型中的尺寸会同步更新工程图，更改工程图中的尺寸同样会更新模型。可以将整个模型的尺寸插入工程图，也可有选择地插入特征尺寸。

（1）选择"注解"→"模型项目" 命令或选择"插入"→"模型项目"命令，系统打开"模型项目"属性管理器，如图1-2-30所示。

（2）单击"视图调色板"按钮可进行尺寸一键标注与视图选择，如图1-2-31所示。

（3）从"视图调色板"选项卡中选择主视图，拖动添加主视图和合适的投影视图。在添加时，取消勾选和勾选"输入注解"复选框（见图1-2-32、图1-2-33）时，视图上相应的尺寸显示分别如图1-2-34和图1-2-35所示。

（4）选择"智能尺寸"命令可进行图纸的简单标注，如图1-2-36所示。标注孔时尽量选择"孔标注"命令，如图1-2-37所示。

6. 标准公差标注

标准公差标注包括尺寸公差标注和形位公差标注。

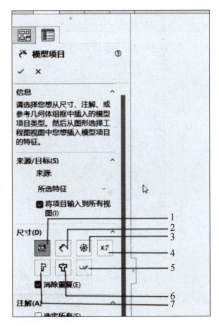

**图1-2-30　"模型项目"
属性管理器**

1—为工程图标注；2—没为工程图标注；
3—实例/圈数计数；4—公差尺寸；
5—孔标注；6—异型孔向导位置；
7—异型孔向导轮廓

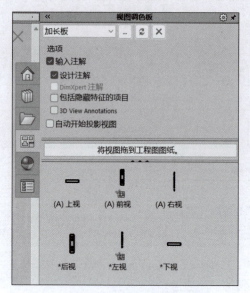

图 1-2-31 "视图调色板"选项卡

图 1-2-32 取消勾选"输入注解"复选框

图 1-2-33 勾选"输入注解"复选框

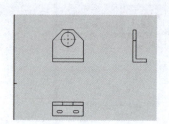

图 1-2-34 三视图(不带尺寸)

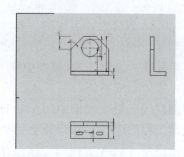

图 1-2-35 三视图(带尺寸)

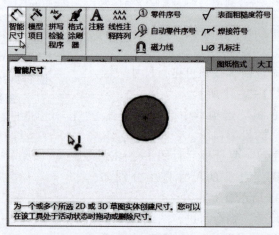

图 1-2-36 选择"智能尺寸"命令

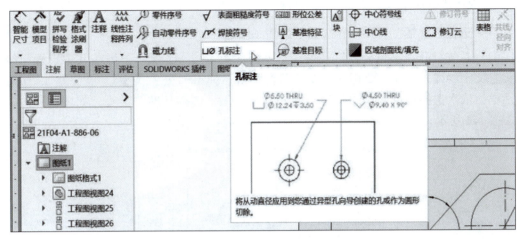

图 1-2-37　选择"孔标注"命令

1）尺寸公差标注

尺寸公差的添加与编辑在"尺寸"属性管理器中进行，如图 1-2-38 所示。对于尺寸公差，用户可以在进行尺寸标注时设置，也可以在完成所有的尺寸标注后进行设置。对于后者，用户只需选择要添加公差的尺寸即可。相关的添加、修改或删除操作可在"尺寸"属性管理器中进行。添加尺寸公差的操作步骤如下。

（1）选择要添加尺寸公差的尺寸，如图 1-2-39 所示的尺寸"φ26.50"。

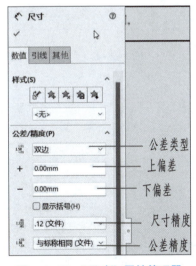

图 1-2-38　"尺寸"属性管理器

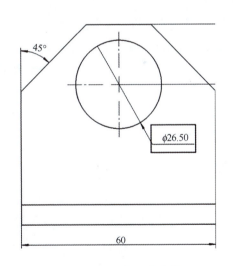

图 1-2-39　添加尺寸公差

（2）设置尺寸精度、公差精度，如".123"表示精确到小数点后3位。

（3）选择公差类型。在"公差类型"下拉列表框中选择"双边"命令，系统自动激活上偏差、下偏差文本框，分别输入"0.02mm""0mm"。

（4）选择"其他"选项卡，如图 1-2-40 所示，在"公差字体大小"选项组下取消勾选"使用尺寸大小"复选框，在"字体比例"文本框中输入数值1（表示偏差数值的字体相对于基本尺寸的字体的比例系数为1）。

2）形位公差标注

（1）选择"注解"→"形位公差" 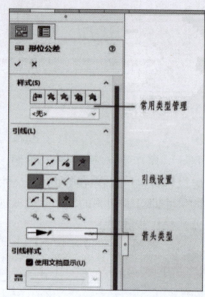 命令。

（2）系统打开"形位公差"属性管理器，如图1-2-41所示，可在其中设置引线、箭头、文字的样式，在需要标注公差的部位单击后弹出"公差类型"、"公差"、Datum对话框，依次选择形位公差的类型、输入公差数值、选择基准符号等，如图1-2-42～图1-2-44所示。

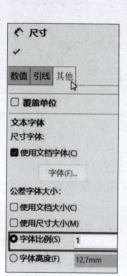

图1-2-40　"其他"选项卡　　图1-2-41　"形位公差"
属性管理器

图1-2-42　"公差类型"对话框

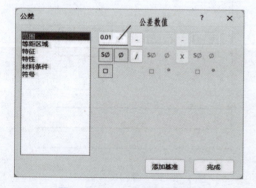

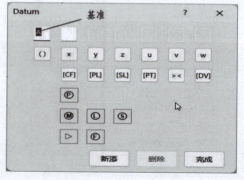

图1-2-43　"公差"对话框　　　　　图1-2-44　Datum对话框

7. 表面粗糙度标注

选择"注解"→"表面粗糙度符号" √ 命令（见图1-2-45），或选择"插入"→"注解"→"表面粗糙度符号"命令，或右击图形区域，在弹出的快捷菜单中选择"注解"→"表面粗糙度符号"命令。

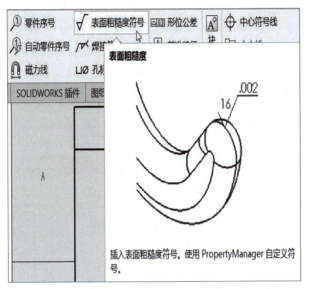

图 1-2-45 选择"注解"→"表面粗糙度符号"命令

系统打开"表面粗糙度"属性管理器,如图 1-2-46 所示,针对各选项组说明如下。

(1)"样式"选项组提供了管理表面粗糙度类型的方法,用户可添加、编辑和删除常用的表面粗糙度类型。对常用的类型,用户可将其保存在该组中,使用时可直接调用,避免重复设置。

(2)"符号"选项组提供了选择可供选择的表面粗糙度符号类型。

(3)"符号布局"选项组中,用户可根据需要设置相应的参数。

(4)"格式"选项组提供了设置字体大小的方法,表面粗糙度符号的大小与字体直接相关。

另外,"表面粗糙度"属性管理器中还有"角度""引线""图层"等选项组。

标注表面粗糙度的操作步骤如下。

(1)选择"注解"→"表面粗糙度符号"命令,系统打开"表面粗糙度"属性管理器,同时鼠标光标变为 √ 图标。

(2)进行选项设置。在"样式"选项组中选

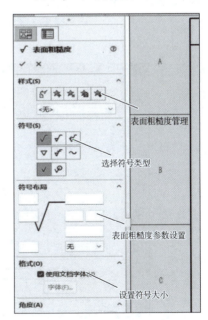

图 1-2-46 "表面粗糙度"
属性管理器

择已有的表面粗糙度符号。如果是第一次使用,则需先生成一个表面粗糙度符号,再进行保存。

(3)使符号预览在图形区域中处于所需位置,单击放置符号。根据需要一次可放置多个符号。

8. 添加技术要求与注释

打开工程图，如图 1-2-47 所示，选择"注解"→"注释"命令，在系统打开的"注释"属性管理器"引线"选项组中，单击"无引线"按钮，如图 1-2-48 所示，在空白处选择合适位置单击，输入要求的文字，调节字体大小，完成技术要求与注释的添加。

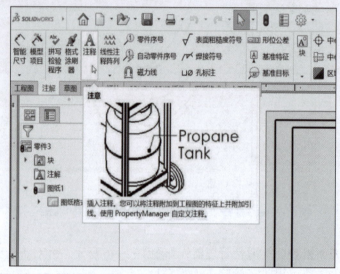

图 1-2-47　选择"注解"→"注释"命令

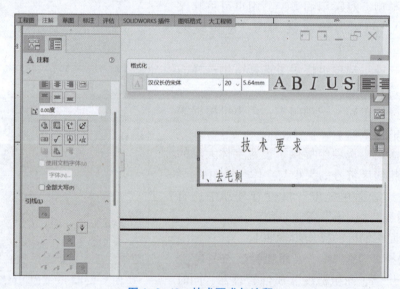

图 1-2-48　技术要求与注释

【实施案例】

1.2.4　套筒扳手 3D 建模

（1）建立一侧套筒扳手的套筒基体，先画一个直径为 37 mm 的圆，保

国产机器人迈向
智能新时代

持草图处于激活状态，选择"特征"→"拉伸凸台/基体"命令，系统打开"凸台-拉伸"属性管理器，如图 1-2-49 所示，在"深度"文本框中输入"38.25mm"并单击"确定"按钮完成圆柱的建立。

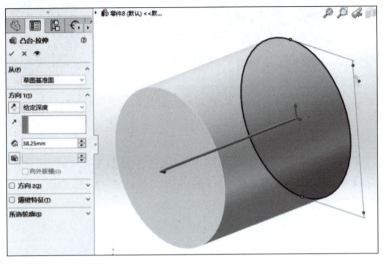

图 1-2-49　拉伸凸台 1

（2）单击圆柱一侧，建立草图，在中心点画一个直径为 30.50 mm 的圆，如图 1-2-50 所示。

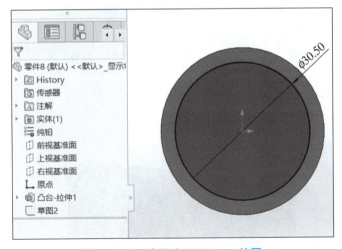

图 1-2-50　直径为 30.50 mm 的圆

套筒扳手 3D 造型

（3）退出草图后，保持草图处于激活状态，在"深度"文本框中输入"88.45mm"并单击"反向"按钮，再单击"确定"按钮，如图 1-2-51 所示。

（4）在第（3）步的圆柱上建立一个新草图，并在中心点画一个直径为 19 mm 的圆，如图 1-2-52 所示。

（5）退出草图后，保持草图处于激活状态，在"深度"文本框中输入"58.54mm"并单击"确定"按钮，如图 1-2-53 所示。

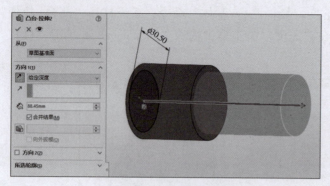

图 1-2-51　拉伸凸台 2

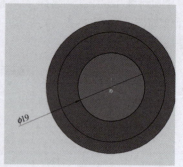

图 1-2-52　直径为 19 mm 的圆

（6）选择"特征"→"圆角"→"倒角"命令，如图 1-2-54 所示，选择角度距离生成特征，然后选择第（1）步建立的圆柱的内边，如图 1-2-55 所示，在"距离"文本框中输入"3.25mm"后单击"确定"按钮。

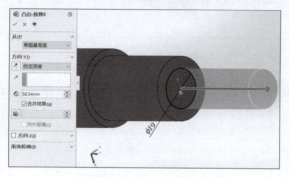

图 1-2-53　拉伸凸台 3

图 1-2-54　倒角工具

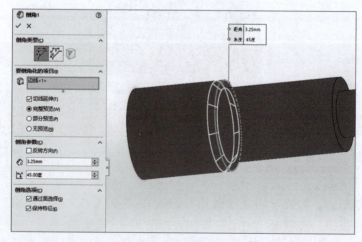

图 1-2-55　建立倒角 1

（7）对图 1-2-56 所示的边使用圆角工具，在"半径"文本框中输入"2.50mm"，然后单击"确定"按钮。

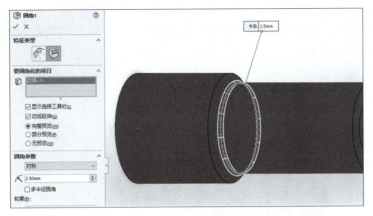

图 1-2-56　建立圆角 1

（8）同第（6）步，在图 1-2-57 所示的边上建立一个倒角特征，并在"距离"文本框中输入"5.75mm"，然后单击"确定"按钮。

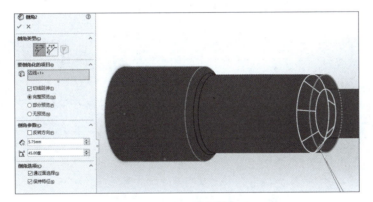

图 1-2-57　建立倒角 2

（9）同第（7）步，对图 1-2-58 所示的边使用圆角工具，在"半径"文本框中输入"2.50mm"，然后单击"确定"按钮。

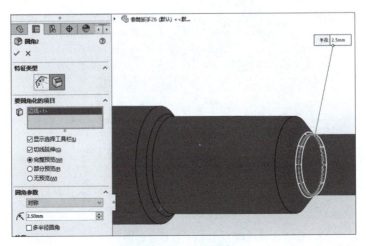

图 1-2-58　建立圆角 2

（10）选择"镜像" 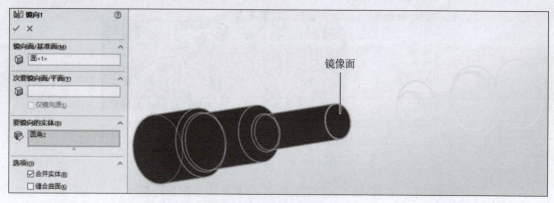 命令，系统打开"镜像1"属性管理器，在"镜像面/基准面"列表框中选择图1-2-59所示的面，再单击要镜像的实体并单击"确定"按钮，建立完成后的效果如图1-2-60所示。

图1-2-59　建立镜像

注：本书软件中镜向同镜像。

图1-2-60　镜像建立完成后的效果

（11）在一侧创建草图，画一个居中且高为26 mm的六边形，如图1-2-61所示。

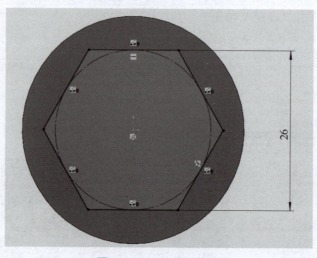

图1-2-61　六边形草图

（12）保持草图处于激活状态，选择"特征"→"拉伸切除"命令，在"深度"文本框中输入"28.00mm"并单击"确定"按钮，如图1-2-62所示。

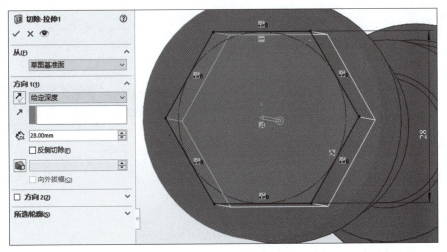

图1-2-62　拉伸切除六边形

（13）在另一侧新建一个草图，画一个高为26 mm的十二边形。同第（12）步，退出草图后选择"特征"→"拉伸切除"命令，在"深度"文本框中输入"37.00mm"后单击"确定"按钮，如图1-2-63所示。

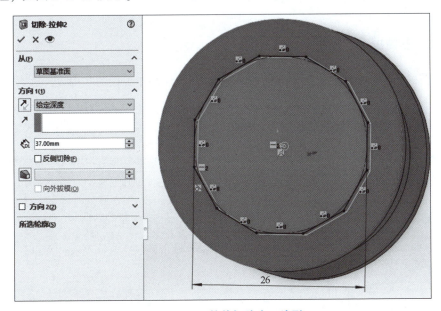

图1-2-63　拉伸切除十二边形

（14）在套筒扳手的两侧边建立倒角特征，同第（6）步，然后在"距离"文本框中输入"0.9mm"，如图1-2-64所示，该操作可使两侧边变光滑。

（15）单击"确定"按钮完成倒角的建立，效果如图1-2-65所示。

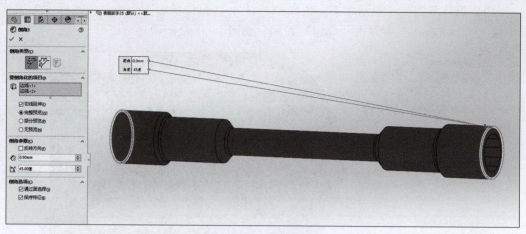

图 1-2-64　建立倒角 3

图 1-2-65　倒角建立完成后的效果

套筒扳手工程图

1.2.5　套筒扳手工程图

（1）在"新建"下拉列表框中选择"从零件/装配体制作工程图"命令，进入图 1-2-66 所示的界面。

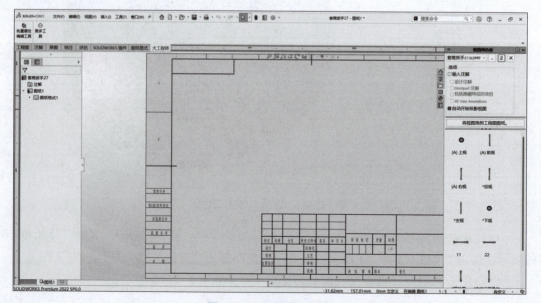

图 1-2-66　新建工程图

（2）选择前视图纸，并拖动至图纸中心，然后旋转 90°，如图 1-2-67 所示，然后单击"确定"按钮。

图 1-2-67　前视图（旋转 90°后）

（3）如图 1-2-68 所示，在右下角处调整视图比例至合适的大小。

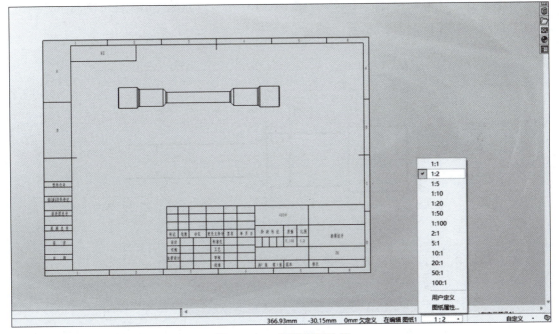

图 1-2-68　调整视图比例

（4）选择"注解"→"智能尺寸"　命令，标注出工件的整体尺寸，如图 1-2-69 所示。

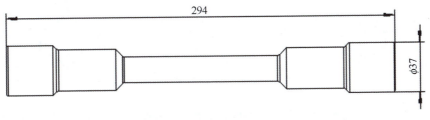

图 1-2-69　标注整体尺寸

（5）标注出套筒扳手每段的长度，如图 1-2-70 所示。

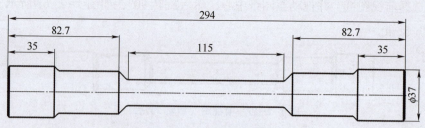

图 1-2-70 标注每段尺寸

（6）选择"注解"→"智能尺寸"→"倒角尺寸"命令，并标注出工件一侧的三处倒角和两处圆角，如图 1-2-71 所示。

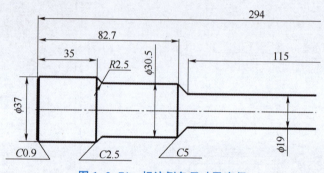

图 1-2-71 标注倒角尺寸及直径

（7）添加 A，B 向辅助视图，如图 1-2-72 所示。

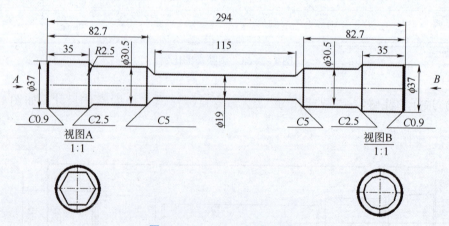

图 1-2-72 A，B 向辅助视图

（8）标注出六边形槽口和十二边形槽口的宽度，完成后的工程图如图 1-2-73 所示。

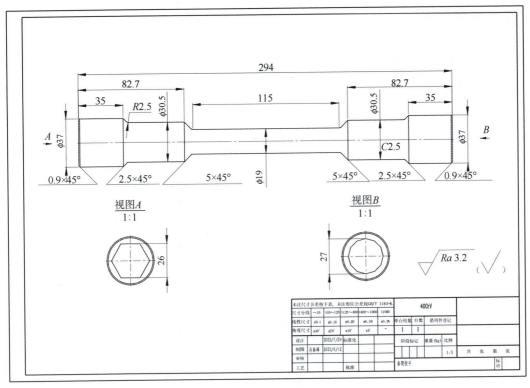

图 1-2-73　完成后的工程图

【经验技巧】

（1）牢记"点—线—面—体"的造型思路，无论是草图绘制还是建模，成功的前提是要给软件设定好齐全的控制条件，建模失败时可反向查找是否缺失或设置了错误的控制选项。

（2）对于拉伸实体中的各控制选项功能，建模时须多试用并观察其效果。

（3）将工程图文件和其零件文件存放到同一文件夹下，以防工程图文件打开后不能正常显示。

【任务评价】

对学生提交的零件文件和工程图文件进行评价，配分权重表如表 1-2-1 所示。

透过数据看中国
机器人产业发展

表 1-2-1　配分权重表

序号	考核项目	评价标准	配分	得分
1	特征造型完整	每少一处扣 5 分	30	
2	工程图视图合理	每错一处扣 5 分	30	
3	工程图尺寸正确	每错一处扣 5 分	30	
4	平时表现	考勤、作业提交	10	

【知识拓展】

1.2.6 其他常用造型工具

1. 旋转造型

（1）选择"草图绘制"命令，选择任意基准面，绘制出需要的矩形草图，如图 1-2-74 所示。

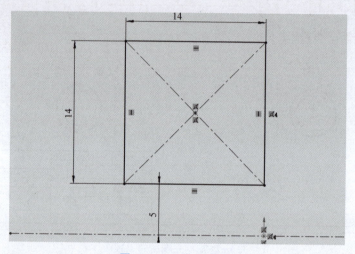

图 1-2-74 矩形草图

（2）选择"特征"→"旋转凸台/基体"命令。

（3）系统打开"旋转"属性管理器，如图 1-2-75 所示，在"反向" 按钮右侧的下拉列表框中可以选择其他方式的旋转，如图 1-2-76 所示。

图 1-2-75 "旋转"属性管理器

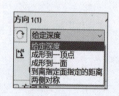

图 1-2-76 旋转方式选择

旋转扫描放样

（4）选择草图中的直线作为旋转轴，选定后将围绕旋转轴出现实体。

（5）在"角度"文本框中可以输入 0°~360°，生成对应实体，图 1-2-77 和图 1-2-78 所示分别为旋转 360°和旋转 180°的效果。

（6）选择"成形到一顶点"命令，可从草图成形到指定顶点，如图 1-2-79 所示。

（7）选择"成形到一面"命令，再选择要成形到的面即可生成从草图成形到指定面的实体，如图1-2-80所示。

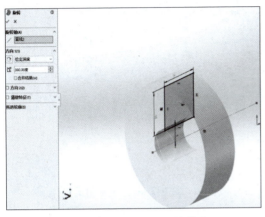

图1-2-77　旋转360°的效果

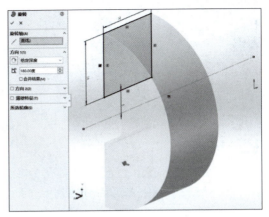

图1-2-78　旋转180°的效果

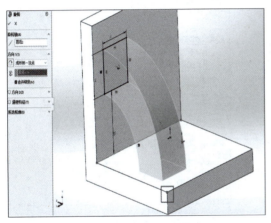

图1-2-79　指定顶点

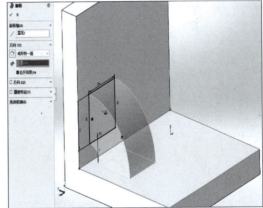

图1-2-80　指定面

（8）选择"到离指定面指定的距离"命令，在选择指定面后输入距离即可生成到离指定面指定距离的实体，如图1-2-81所示。

（9）选择"两侧对称"命令，在"角度"文本框中输入0°～360°即可生成指定角度的实体，如图1-2-82所示。

2. 扫描

（1）选择"草图绘制"命令，选择任意基准面。

（2）草图绘制轮廓与路径及其控制选项如图1-2-83和图1-2-84所示，选择六边形草图作为轮廓，倒"几"字曲线草图作为路径。

（3）选择"特征"→"扫描"命令。

（4）在系统打开的"扫描"属性管理器中，可以选中"草图轮廓"或"圆形轮廓"单选按钮进行扫描拉伸，草图轮廓是根据自己绘制的草图进行实体拉伸，圆形轮廓默认拉伸圆形实体。

（5）选中"草图轮廓"单选按钮，在轮廓中选择想要扫描拉伸的草图，然后选择需要拉伸的路径即可拉伸出实体，如图 1-2-85 所示。

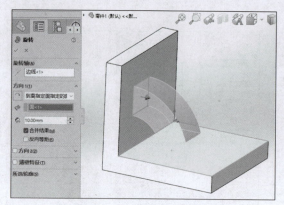

图 1-2-81　指定面指定距离

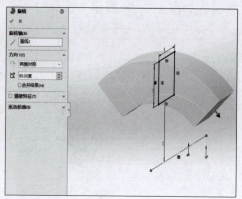

图 1-2-82　指定角度

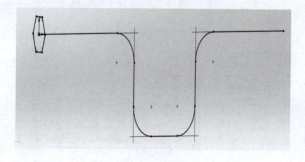

图 1-2-83　草图绘制轮廓与路径

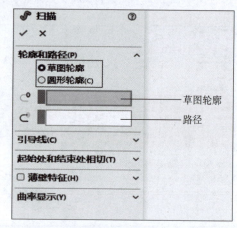

图 1-2-84　草图轮廓与路径控制选项

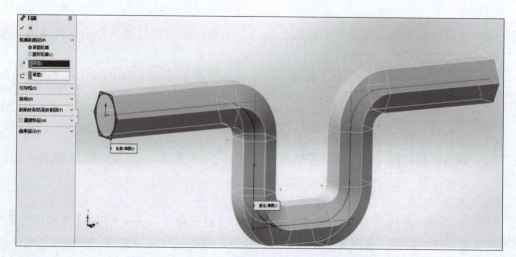

图 1-2-85　选中"草图轮廓"单选按钮拉伸实体

（6）选中"圆形轮廓"单选按钮（见图1-2-86）后只需选择路径即可拉伸出圆形的实体，在左侧"扫描"属性管理器中可以给定圆的直径。

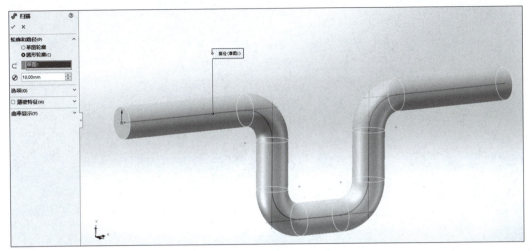

图1-2-86 选中"圆形轮廓"单选按钮拉伸实体

3. 放样

（1）建立基准面，选择"特征"→"参考几何体"→"基准面"命令。

（2）系统打开"基准面"属性管理器，如图1-2-87所示。

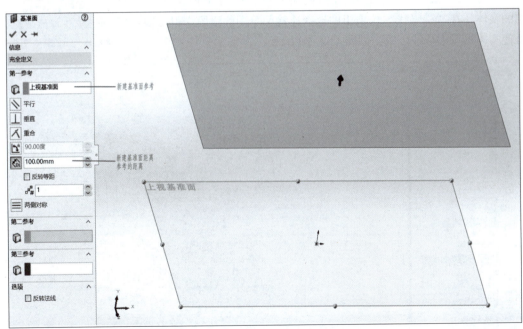

图1-2-87 "基准面"属性管理器

（3）在"第一参考"选项组中选择所需的任意面，在"距离"文本框中输入数值生成基准面。

（4）在两个基准面中分别绘制图1-2-88所示的草图。

扫描放样

项目1 软件工具及设计资源准备

（5）在垂直平面内连接两个草图，画一条弧线作引导线，如图1-2-89所示。

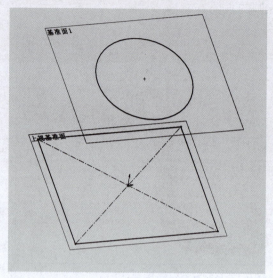

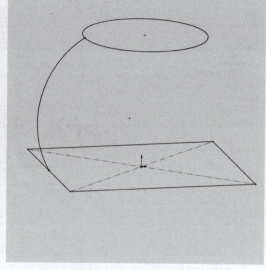

图1-2-88　混合草图绘制　　　　　　　　图1-2-89　绘制引导线

（6）选择"特征"→"放样凸台/基体"![放样凸台/基体]命令，系统打开"放样"属性管理器。

（7）在"轮廓"选项组中选择两个草图，即可出现连接两个草图的实体，在"引导线"选项组中选择连接两草图的线段作引导线，即可使实体沿着引导线生成，如图1-2-90所示。

创星记｜绿的谐波：
拆解人形机器人的奥秘

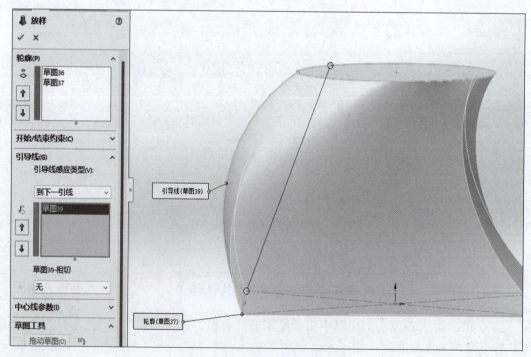

图1-2-90　沿引导线生成实体

1.2.7 其他视图添加

辅助视图

1. 工程图辅助视图

如果模型中存在与视图方向非正交的几何元素，就需要采用与之正视的方向绘制视图，以反映这些几何实体元素的信息，这种视图称为辅助视图，在国标中称为斜视图。

"辅助视图"命令的启动方式如下。

选择"工程图"→"辅助视图" 命令或选择"插入"→"工程图视图"→"辅助视图"命令。

生成辅助视图的操作步骤如下。

（1）选择"辅助视图"命令，如图1-2-91（a）所示，系统打开"辅助视图"属性管理器，此时鼠标光标变为 形状。

（2）选择模型俯视图倾斜结构的边线，出现辅助视图预览。

（3）在"辅助视图"属性管理器中设置辅助视图的显示样式和比例，如图1-2-91（b）所示。

（4）在俯视图斜下方单击，生成图1-2-91（c）所示的辅助视图，如果在移动鼠标光标的同时按住 Ctrl 键不放，则辅助视图可任意放置，放置完成后保存工程图文件。

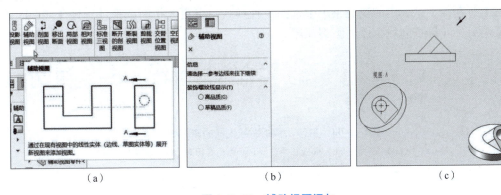

（a） （b） （c）

图1-2-91 辅助视图添加

（a）选择"辅助视图"命令；（b）"辅助视图"属性管理器；（c）辅助视图

2. 断裂视图

断裂视图用来表达较长零件，如轴、杆、型材及连杆等。当较长零件沿长度方向的形状一致或按一定的规律变化时，可在断开后缩短绘制，而尺寸按实际长度标注。

"断裂视图"命令的启动方式如下。

选择"工程图"→"断裂视图" 命令或选择"插入"→"工程图视图"→"断裂视图"命令。

生成断裂视图的操作步骤如下。

（1）打开素材文件"素材定位轴.slddrw"。

（2）选择"断裂视图"命令，系统打开"断裂视图"属性管理器，如图1-2-92所示。

（3）选中视图，在"缝隙大小"文本框中输入"3mm"，在"折断线样式"选项组中单击"锯齿线切断" 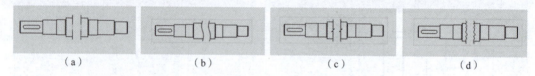 按钮。

（4）在图形区域移动折断线到指定位置，在合适位置单击，放置第一条线段，按提示放置第二条线段，系统按给定的缝隙大小，绘制出折断线符号。

（5）单击"确定"按钮完成操作，结果如图1-2-93所示。

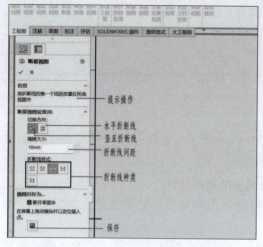

图1-2-92　"断裂视图"属性管理器

图1-2-93　锯齿线切断结果

右击折断线，从弹出的快捷菜单中选择一种样式，可更改折断线形状，图1-2-94所示为采用另外4种折断线生成的断裂视图。

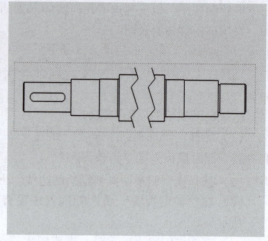

（a）　　　　　　　（b）　　　　　　　（c）　　　　　　　（d）

图1-2-94　另外4种折断线生成的断裂视图

（a）细点画线切断；（b）曲线切断；（c）小锯齿线切断；（d）锯齿状切断

3. 剖面视图

剖面视图用来表达零件的内部结构。在生成剖面视图前，必须先在工程图中绘制出适当的路径。SOLIDWORKS软件中有两种方法可在工程图中创建剖面视图。

（1）使用剖面视图工具界面插入普通剖面视图（水平、垂直、辅助及对齐）和可选的等距（圆弧、单一和凹口）。

（2）使用剖面视图工具手动创建草图实体以自定义剖面线。选择"工程图"→"剖面视图" 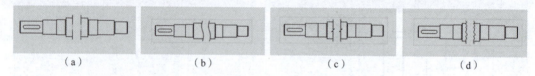 命令或选择"插入"→"工程图视图"→"剖面视图"命令，系统打开"剖面视图辅助"属性管理器，如图1-2-95所示。选择不同切割线种类，可生成不同种类的剖面视图。

4. 全剖视图

在"剖面视图辅助"属性管理器"切割线"选项组中单击"水平"按钮，选择适当位置放置剖面视图，此时的"剖面视图B-B"属性管理器如图1-2-96所示。

生成的主视全剖视图如图1-2-97所示。

对"剖面视图B-B"属性管理器中的部分说明如下。

（1）"部分剖面"复选框：勾选该复选框时，可拖动剖切线长度，显示部分结构。

图 1-2-95　"剖面视图辅助"属性管理器

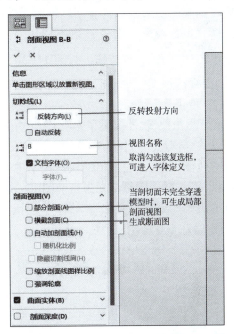

图 1-2-96　"剖面视图 B-B"属性管理器

（2）"横截剖面"：勾选该复选框时只显示剖切平面剖切到的部分，此选项用于生成断面图，如图 1-2-98 所示的 $E—E$ 断面图。

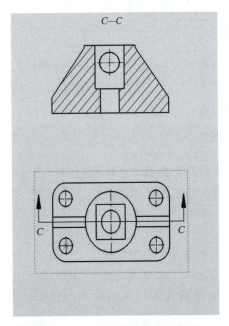

图 1-2-97　生成的主视全剖视图

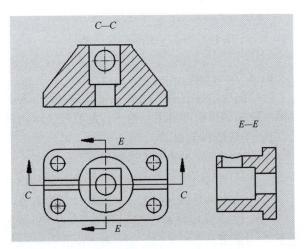

图 1-2-98　勾选"横截剖面"复选框后
生成的 $E—E$ 断面图

5. 旋转剖视图

旋转剖视图用来表达具有回转轴的零件内部形状，其剖切线为两相交直线。

选择"剖面视图"命令，系统打开"剖面视图辅助"属性管理器，在"切割线"选项组中单击"对齐" 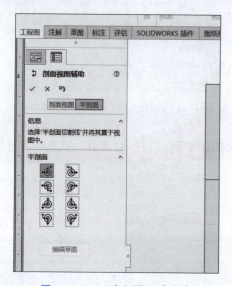 按钮，按照 1、2、3 的顺序绘制两条相交直线。

"剖面视图辅助"属性管理器中的"半剖面"选项卡也可以用于角度为 90°的旋转剖，如图 1-2-99 所示。

SOLIDWORKS 软件提供了多张图纸功能，即同一个图纸文件可包含多张图纸，图纸之间可以共享信息。这里为表达得更清楚，使用多张图纸功能。

右击"图纸 1"，在弹出的快捷菜单中选择"添加图纸"命令，特征管理设计树中出现"图纸 2"，以"图纸 2"为当前图纸，选择"模型视图"命令，插入箱体俯视图，选择"剖面视图"命令，单击"对齐"按钮，按顺序选择点 1、2、3，单击生成旋转剖视图，如图 1-2-100 所示。

图 1-2-99　"半剖面"选项卡

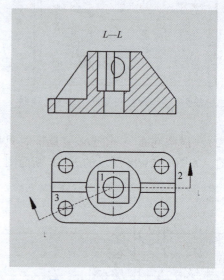

图 1-2-100　旋转剖视图

6. 阶梯剖视图

阶梯剖视图是沿两个或多个互相平行的平面剖开零件后，向基本投影面投影所获得的视图。阶梯剖视图需要用互相平行的直线表示剖切位置，完成此步骤需要绘制剖切线。

1）生成阶梯剖视图

生成阶梯剖视图的操作步骤如下。

（1）绘制剖切线。在俯视图上绘制阶梯形剖切线，如图 1-2-101 所示。

（2）选中两剖切直线之一，选择"剖面视图"命令。

（3）移动鼠标光标，显示预览，在适当位置单击放置视图，生成阶梯剖视图，如图 1-2-102 所示。

本例生成的阶梯剖视图与俯视图保持对齐关系，要使主视图（A—A 视图）与左视图（B—B 视图）高平齐，必须先解除其与俯视图的对齐关系，然后将其旋转 90°，再添加与主视图的对齐关系。

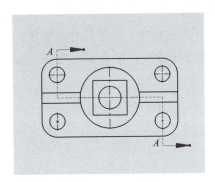

图 1-2-101　绘制阶梯形剖切线

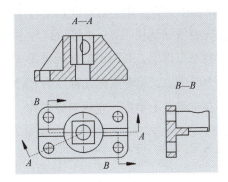

图 1-2-102　阶梯剖视图

2）设置对齐

使主视图与左视图保持对齐的操作步骤如下。

（1）视图旋转。右击阶梯剖视图 B—B，在弹出的快捷菜单中选择"视图对齐"→"解除对齐关系"命令，如图 1-2-103 所示，再次右击，在弹出的快捷菜单中选择"缩放/平移/旋转"→"旋转视图"命令，如图 1-2-104 所示，系统弹出"旋转工程视图"对话框，如图 1-2-105 所示，输入旋转角度 90，单击"应用"按钮，将视图旋转 90°，单击"关闭"按钮，结束旋转。旋转后的结果如图 1-2-106 所示。

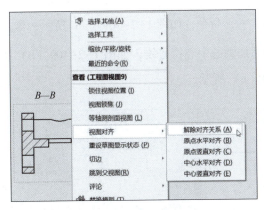

图 1-2-103　解除对齐关系

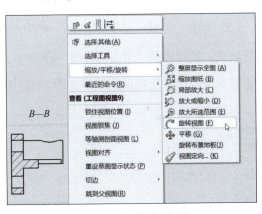

图 1-2-104　旋转视图

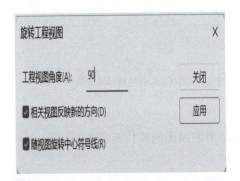

图 1-2-105　"旋转工程视图"对话框

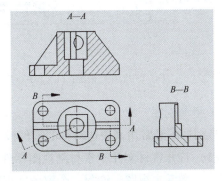

图 1-2-106　旋转后的结果

（2）视图对齐。建立阶梯剖视图与主视图的对齐关系。

① 先将阶梯剖视图 B—B 移动到与主视图大致平齐的位置，再进行对齐操作。

② 右击主视图，在弹出的快捷菜单中选择"视图对齐"→"原点水平对齐"命令，如图 1-2-107 所示，此时鼠标光标变为 形状。

③ 在主视图上单击，完成对齐操作，结果如图 1-2-108 所示。

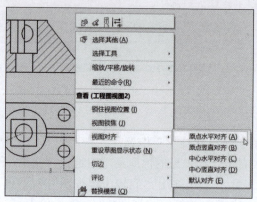

图 1-2-107　原点水平对齐

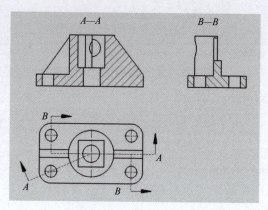

图 1-2-108　原点水平对齐的结果

（3）添加中心线。选择"注解"→"中心线" 命令，如图 1-2-109（a）所示；添加回转轴线，然后选择"中心符号线" 命令，添加圆的中心符号线，如图 1-2-109（b）所示，完成中心符号线添加的结果如图 1-2-109（c）所示。

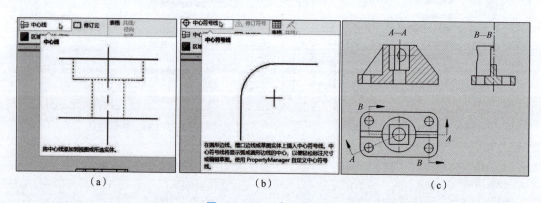

（a）　　　　　　　　　　　（b）　　　　　　　　　　　（c）

图 1-2-109　中心线添加

（a）"中心线"命令；（b）"中心符号线"命令；（c）完成中心符号线添加的结果

7. 半剖视图

半剖视图经常用来表达对称的零件模型。绘制半剖视图的操作步骤如下。

（1）打开素材文件"素材剖视图零件 .slddrw"。

（2）激活主视图，绘制一个覆盖主视图右半边的矩形，且矩形左边边线通过视图左右对称面，保持矩形为选中状态，如图 1-2-110 所示。

（3）选择"工程图"→"断开的剖视图"命令，系统打开"断开的剖视图"属性管理器，如图1-2-111所示。激活"深度" 📦 列表框，在俯视图中选择内孔边线，如图1-2-112所示，"深度"列表框中自动出现"边线<1>"。

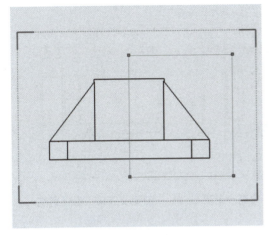

图1-2-110　绘制矩形

图1-2-111　"断开的剖视图"属性管理器

（4）单击"确定"按钮完成设置，生成的半剖视图如图1-2-113所示。

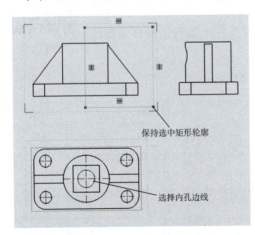

图1-2-112　选择内孔边线

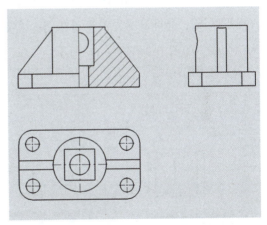

图1-2-113　生成的半剖视图

8. 局部视图

局部视图用来表达视图上的某些复杂结构，通常以放大比例显示，在机械制图中又称局部放大图。

"局部视图"命令的启动方式如下。

选择"工程图"→"局部视图" 🅐 命令或选择"插入"→"工程图视图"→"局部视图"命令，系统打开"局部视图"属性管理器，如图1-2-114所示。

剖视图

绘制局部视图的操作步骤如下。

（1）在零件剖视图上绘制一个圆并选中该圆，如图1-2-115所示。

（2）选择"局部视图"命令，单击图形区域中的适当位置，生成局部视图，如图1-2-116所示。

（3）选择局部视图，可通过"局部视图"属性管理器改变局部视图的显示样式、比例、标示字母等属性。

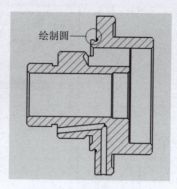

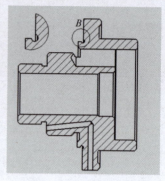

图1-2-114 "局部视图"	图1-2-115 绘制一个圆	图1-2-116 生成局部
属性管理器		视图

9. 局部剖视图

绘制局部剖视图的操作步骤如下。

（1）选择"断开的剖视图"命令（见图1-2-117（a）），将鼠标光标放置在图形区域，光标显示为铅笔形状，单击并绘制一条封闭的样条曲线作为剖切线，如图1-2-117（b）所示。

局部视图

（2）绘图结束后，打开"断开的剖视图"属性管理器，如图1-2-117（c）所示。

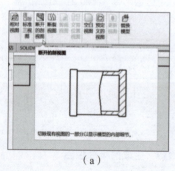

（a）

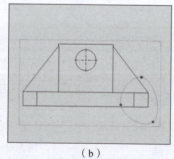

（b）

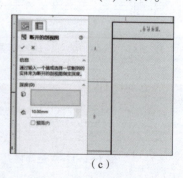

（c）

图1-2-117 断开的剖视图添加

（a）"断开的剖视图"命令；（b）绘制封闭的样条曲线；（c）"断开的剖视图"属性管理器

（3）输入剖切深度。在"断开的剖视图"属性管理器中的"深度"文本框中输入"36.00mm"，即从顶面到孔中心线的距离，勾选"预览"复选框，如图1-2-118所示。

（4）单击"确定"按钮，完成局部剖视图的生成，如图1-2-119所示，保存工程图文件。

给定剖切深度的另一种方法是选择一个切割的实体作为断开的剖视图的指定深度。

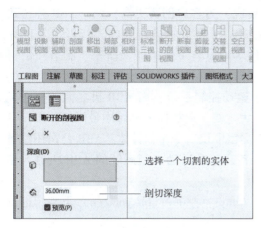

图 1-2-118 指定剖切深度

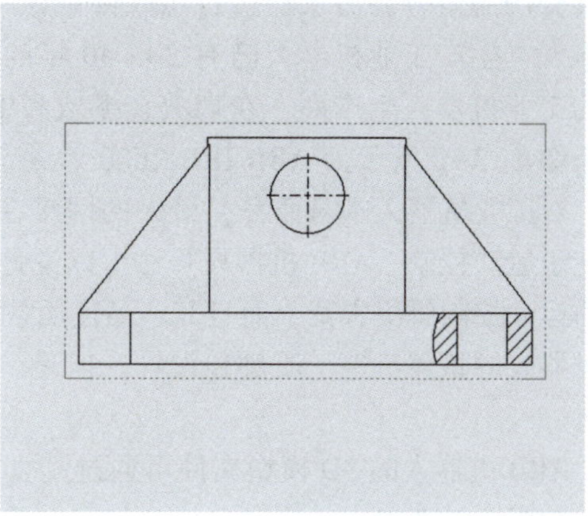

图 1-2-119 局部剖视图

任务 1.3 工业机器人 3D 模型文件下载及处理

【任务描述】

在六关节机器人实际生产应用中，工装设计连接、质量、尺寸范围等重要参数都是基于工业机器人的 3D 模型设置的，因此获取确定型号的工业机器人 3D 模型文件是项目设计的首要问题。此外，还需要将文件转化成 SOLIDWORKS 装配体文件，并添加相应的配合关系以便开展后续的设计工作。本任务要求从互联网搜索 AR1440 型六关节机器人（见图 1-3-1）的 3D 模型文件，进行文件转存并完成配合关系的添加。

【学习重点】

掌握获取项目所用型号的工业机器人 3D 模型文件和相关样本手册的获取渠道和下载方法；掌握使用 SOLIDWORKS

图 1-3-1 AR1440 型
六关节机器人

2022 软件打开、转存通用 .stp 格式文件的方法；会添加零部件之间的配合关系；会用软件测量工具核定工业机器人固定座和六轴连接法兰结构尺寸。

【知识技能】

1.3.1 主流四大品牌工业机器人

1. ABB 机器人

阿西布朗勃法瑞（ABB）公司是全球领先的工业机器人与机械自动化供应商之一，总部位于瑞士苏黎世，专注于提供工业机器人、自主移动机器人和机械自动化解决方案等全套产品组合，力求通过自主软件设计与集成，为客户创造更高价值。ABB 公司致力于研发、生产工业机器人已有 30~40 年的历史，作为工业机器人的先行者以及世界领先的工业机器人生产商，在瑞典、挪威和中国等地设有工业机器人研发、制造和销售基地。图 1-3-2 所示为 ABB IRB 2600 六关节机器人。

对工业机器人本身而言，最大的困难在于运动控制系统，而 ABB 机器人的核心优势就在于运动控制。ABB 机器人算法可以说是四大主要工业机器人品牌中最好的，不仅有全面的运动控制解决方案，而且其产品使用技术文档也相当专业和具体。ABB 公司还注重工业机器人的整体特性、质量和设计。但是，配备高标准运动控制系统的 ABB 机器人相对昂贵。

ABB 机器人的 3D 模型文件可通过其官网（https：//new. abb. com/cn）下载，也可联系其销售人员获取。

2. FANUC 机器人

FANUC 公司是一家全球性的工业机器人和自动化设备制造商，总部位于日本。FANUC 机器人广泛应用于汽车、电子、食品、制药等行业，它采用领先的控制和驱动技术，拥有高精度、高速度、高重复性和高可靠性等优良特性，在各类工业应用中都可以发挥出色的表现，可适用于各种应用场景，如装配、加工、物流、喷涂、包装等领域，可以灵活满足客户需求，这些使 FANUC 公司成为世界主要工业机器人厂商之一。图 1-3-3 所示为 FANUC M710ic 六关节机器人。

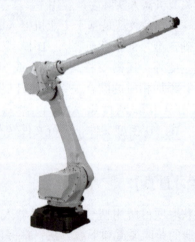

图 1-3-2　**ABB IRB 2600 六关节机器人**　　　图 1-3-3　**FANUC M710ic 六关节机器人**

FANUC 公司一直致力于技术创新，不断推出新产品，提高产品性能，被誉为世界上数控系统研究、设计、制造和销售实力顶尖的企业。它将数控系统的优势应用到工业机器人身上，使其工业机器人的精度得到很大提高。与其他工业机器人相比，FANUC 机器人工艺控制更方便，较同类型工业机器人底座尺寸更小，手臂设计更独特。因此，FANUC 机器人以其轻负载、高速度、高精度和灵活性著称，广泛应用于汽车制造、电子制造、食品加工等领域，这也是 FANUC 小型化机器人畅销的原因。

FANUC 机器人的 3D 模型文件可通过其官网（https：//www. shanghai-fanuc. com. cn）下载，也可联系其销售人员获取。

3. 库卡（KUKA）机器人

库卡机器人有限公司（以下简称库卡）在1898年成立于德国巴伐利亚州的奥格斯堡，是世界领先的工业机器人制造商之一，与其他三大工业机器人品牌不同，库卡得益于德国汽车工业的发展，由焊接设备起家，但也因此缺乏运动控制的积累。目前，库卡有三大业务板块：工业机器人、系统集成和瑞仕格（主要涉及医疗和仓储领域的自动化集成）。1973年，该公司研发了名为FAMULUS的第一台工业机器人。库卡专注于向工业生产过程提供先进的自动化解决方案，主要客户来自汽车制造领域，但其在其他工业领域的运用也越来越广泛。算年纪，库卡是四大工业机器人品牌中成立最早的，但是能力上有所欠缺。库卡的优势在于对本体结构和易用性的创新，系统集成业务占比最高，并且操作简单。然而，因为核心技术有所欠缺，所以其产品很难跟上市场的变化。图1-3-4所示为库卡KR-6-R1440六关节机器人。

图1-3-4 库卡 KR-6-R1440 六关节机器人

库卡机器人在中国销售的优势在于其良好的二次开发，即使是一个完全没有技术基础的"小白"，也可以在一天内上手库卡软件并进行操作。为了迎合国人的习惯，其人机界面做得非常简单，就像玩游戏机一样容易使用。相比之下，日本品牌的工业机器人控制系统操作起来就有些复杂。库卡在重载机器人领域应用广泛，在120 kg以上的工业机器人中，库卡和ABB占据了大部分市场份额，而在400 kg和600 kg的重载机器人中，库卡的销量最大。

库卡机器人的3D模型文件可通过其官网（https：//www.kuka.com/zh-cn）下载，也可联系其销售人员获取。

4. 安川（Yaskawa）机器人

安川电机株式会社建立于1915年，是日本最大的工业机器人公司，拥有焊接、装配、喷涂、搬运等各种各样的自动化机器人。安川电机是运动控制领域的专业生产商，是日本第一个做伺服电机的公司，其产品以稳定快速著称，性价比高，是全球销售量最大，使用行业最多的伺服电机品牌。安川以伺服电机起家，它可以把电机的惯量做到最大化，所以安川机器人最大的特点就是负载大，稳定性高，在满负载、满速度运行的过程中不会报警，甚至能够过载运行。因此，安川在重负载的工业机器人应用领域，如汽车行业，市场是相对较大的。虽然其总体技术方案与FANUC机器人相似，但是其产品特点却与后者"相反"，只是精度方面与FANUC机器人相比有所欠缺，并且在四大工业机器人品牌中，安川机器人的综合售价是最低的。

安川机器人的3D模型文件可通过其官网（https://www.e-mechatronics.com）下载，也可联系其销售人员获取。

1.3.2 装配体文件及配合关系的添加

1. 新建装配体文件

在SOLIDWORKS软件中建立装配体模型的过程是将多个零件组装在一起，形成一个整体模型的过程。建立一个基本装配体模型的步骤如下：

"成都造"外骨骼机器人

（1）选择"新建"命令，在系统弹出的"新建 SOLIDWORKS 文件"对话框中单击"装配体"按钮，然后单击"确定"按钮。

（2）插入零件文件。选择"插入零部件"命令，在存放路径下找到要插入的零件文件，可以选择一个或多个零件文件。

（3）放置零件。在选择了要插入的零件文件后，鼠标光标右侧会出现一个零件图标，在需要的位置单击即可在装配空间中放置零件。

（4）添加配合。使用 SOLIDWORKS 软件的配合工具，可以将零件相对于其他零件进行约束，以确保它们在正确的位置上。

（5）添加其他零件。如果装配中还有其他零件，可以重复步骤（2）~步骤（4），逐步将所有零件组装到装配体中。

（6）保存装配文件。装配体模型完成后即可进行保存，通常 SOLIDWORKS 软件会为装配文件分配一个 .sldasm 的文件扩展名。

其他功能待用到时再详细介绍。

2. 添加标准配合关系

1）添加标准配合关系的方法

添加标准配合关系的方法有以下几种。

（1）菜单栏：选择"插入"→"配合"命令。

装配体文件及
文档管理

（2）命令管理器：单击"装配体"控制面板中的"配合" 按钮。

图 1-3-5 "配合"属性管理器的"标准"选项卡

使用配合关系，可相对于其他零部件精确地定位零部件，还可定义零部件如何相对于其他零部件移动和旋转。只有添加了完整的配合关系，才算完成了装配体模型的建立。

2）添加标准配合关系的步骤

为零部件添加标准配合关系的操作步骤如下。

（1）单击"装配体"控制面板中的"配合"按钮，或选择"插入"→"配合"命令，系统打开"配合"属性管理器，单击"标准"标签进入"标准"选项卡，如图 1-3-5 所示。

（2）在图形区域中的零部件上选择要配合的实体，所选实体会显示在"要配合实体" 列表框中，当需要选择被遮挡的面配合时，可以按 Alt 键临时隐藏面。

（3）选择所需的对齐条件。

① （同向对齐）：以所选面的法向或轴向的相同方向放置零部件。

② （反向对齐）：以所选面的法向或轴向的相反方向放置零部件。

（4）系统会根据所选的实体，列出有效的配合类型。单击对应的配合类型按钮，选择配合类型。

① ⼈（重合）：面与面、面与直线（轴）、直线与直线（轴）、点与面、点与直线之间重合。

② ⟍（平行）：面与面、面与直线（轴）、直线与直线（轴）、曲线与曲线之间平行。

③ ⊥（垂直）：面与面、直线（轴）与面之间垂直。

④ ⅄（相切）：曲面与面、曲面与曲面、曲线与面、直线（轴）与曲面之间相切。

⑤ ◎（同轴心）：圆柱与圆柱、圆柱与圆锥、圆形与圆弧边线之间具有相同的轴，勾选"锁定旋转"复选框，则同轴连接之后不再相对旋转。

⑥ 🔒（锁定）保持两个零部件之间的相对位置和方向。

⑦ ⊢⊣（距离）将所选的点、线、面以彼此间指定的距离放置。

⑧ ∠（角度）将所选的点、线、面以彼此间指定的角度放置。

（5）图形区域中的零部件将根据指定的配合关系移动，如果配合不正确，则可以单击"撤销"按钮 ↰，然后根据需要修改。

（6）单击"确定"按钮，应用配合。

在装配体中建立配合关系后，配合关系会在特征管理设计树中以 ✎ 图标表示。

3. 添加高级配合关系

添加高级配合关系的操作步骤如下。

（1）单击"装配体"控制面板中的"配合"按钮，或选择"插入"→"配合"命令，系统打开"配合"属性管理器，单击"高级"标签进入"高级"选项卡，如图1-3-6所示。

（2）在图形区域中的零部件上选择要配合的实体，所选实体会显示在"要配合实体" 🔲 列表框中，当需要选择被遮挡的面配合时，可以按 Alt 键临时隐藏面。

（3）选择所需的对齐条件。

① ⧏⧐（同向对齐）：以所选面的法向或轴向的相同方向放置零部件。

② ⧏⧐（反向对齐）：以所选面的法向或轴向的相反方向放置零部件。

（4）系统会根据所选的实体，列出有效的配合类型。单击对应的配合类型按钮，选择配合类型。

① ⊕（轮廓中心）：将矩形和圆形轮廓互相中心对齐，并完全定义组件。

② ⌀（对称）：使两个相同实体绕基准面或平面对称。

图1-3-6 "配合"属性管理器的"高级"选项卡

③ ⑴（宽度）：约束两个平面之间的薄片。

④ ⑴（路径配合）：将零部件上所选的点约束到路径。

⑤ ⑴（线性/线性耦合）：在一个零部件的平移和另一个零部件的平移之间建立约束。

⑥ ⑴（直线距离限制）：允许零部件在距离配合的一定数值范围内移动。

⑦ ⑴（角度限制）：允许零部件在角度配合的一定数值范围内移动。

（5）图形区域中的零部件将根据指定的配合关系移动，如果配合不正确，则可以单击"撤销"按钮，然后根据需要修改选项。

（6）单击"确定"按钮，应用配合。

在装配体中建立配合关系后，配合关系会在特征管理设计树中以 ⑴ 图标表示。

4. 添加机械配合关系

添加机械配合关系的操作步骤如下。

（1）单击"装配体"控制面板中的"配合"按钮，或选择"插入"→"配合"命令，系统打开"配合"属性管理器，单击"机械"标签进入"机械"选项卡，如图1-3-7所示。

（2）在图形区域中的零部件上选择要配合的实体，所选实体会显示在"要配合实体" ⑴ 列表框中，当需要选择被遮挡的面配合时，可以按 Alt 键临时隐藏面。

（3）选择所需对齐条件。

① ⑴（同向对齐）：以所选面的法向或轴向的相同方向放置零部件。

② ⑴（反向对齐）：以所选面的法向或轴向的相反方向放置零部件。

（4）系统会根据所选的实体，列出有效的配合类型。单击对应的配合类型按钮，选择配合类型。

① ⑴（凸轮）：使圆柱、基准面或点与一系列相切的拉伸面重合或相切。

② ⑴（槽口）：将螺栓或槽口运动约束在槽口孔内。

③ ⑴（铰链）：将两个零部件之间的移动限制在一定旋转范围内。

④ ⑴（齿轮）：强迫两个零部件绕所选轴彼此相对旋转。

⑤ ⑴（齿条小齿轮）：一个零件（齿条）的线性平移引起另一个零件（齿轮）的周转，反之亦然。

⑥ ⑴（螺旋）：将两个零部件约束为同心，并在一个零部件的旋转和另一个零部件的平移之间添加螺旋约束。

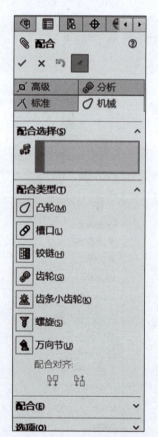

图1-3-7 "配合"属性管理器的"机械"选项卡

⑦ （万向节）：一个零部件（输出轴）绕自身轴的旋转是由另一个零部件（输入轴）绕其轴的旋转驱动的。

（5）图形区域中的零部件将根据指定的配合关系移动，如果配合不正确，则可以单击"撤销"按钮，然后根据需要修改。

（6）单击"确定"按钮，应用配合。

在装配体中建立配合关系后，配合关系会在特征管理设计树中以 🔗 图标表示。

5. 删除配合关系

当装配体中的某个配合关系有错误时，用户可以随时将它从装配体中删除，操作步骤如下。

（1）在特征管理设计树中，右击想要删除的配合关系。

（2）在弹出的快捷菜单中选择"删除"命令，或按 Delete 键进行删除。

（3）系统弹出"确认删除"对话框，如图 1-3-8 所示，单击"是"按钮确认删除。

图 1-3-8 "确认删除"对话框

6. 修改配合关系

用户可以像重新定义特征一样，对已经存在的配合关系进行修改，操作步骤如下。

（1）在特征管理设计树中，右击想要修改的配合关系。

（2）在弹出的快捷菜单中选择"编辑定义" 🔷 命令。

（3）在系统打开的"配合"属性管理器中修改所需选项。

（4）如果要替换配合实体，则可以在"要配合实体" 🔧 列表框中删除原来的实体后，重新进行选择。

（5）单击"确定"按钮，完成配合关系的重新定义。

🔄 【实施案例】

1.3.3 安川 AR1440 型六关节机器人 3D 模型文件获取

（1）在互联网上（此处为迪威模型官网）找到安川 AR1440 型六关节机器人的 3D 模型文件（其中，最后一个为免费资源），进行下载，如图 1-3-9 所示。

3D 模型文件对应的网址为 https：//www. 3dwhere. com/search？k＝ar1440，下载前需要进行注册。

（2）单击"下载"按钮进行下载，根据提示完成下载操作，如图 1-3-10 所示。下载的 3D 模型文件如图 1-3-11 所示。

（3）解压后，3D 模型文件包含 SOLIDWORKS 装配体文件，表明配合关系已经完整添加，如图 1-3-12 所示。

图 1-3-9　安川 AR1440 型六关节机器人资料下载页面

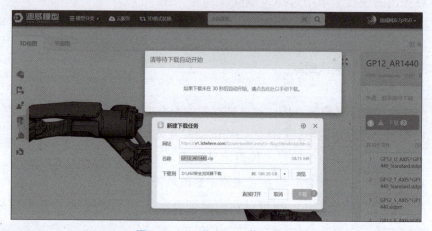

图 1-3-10　单击"下载"按钮

名称	修改日期	类型	大小
∨ IGS 文件			
GP12_AR1440.IGS	2024/4/2 16:13	IGS 文件	72,399 KB
∨ SldWorks 2022 Application			
GP12_AR1440	2024/4/2 16:13	SldWorks 2022 Application	55,918 KB
∨ SOLIDWORKS Assembly Document			
GP12_AR1440	2024/4/2 16:13	SOLIDWORKS Assembly Document	11,299 KB
∨ SOLIDWORKS Part Document			
GP12_B_AXIS^GP12_AR1440_Standard	2024/4/2 16:13	SOLIDWORKS Part Document	1,616 KB
GP12_BASE_AXIS^GP12_AR1440_Sta...	2024/4/2 16:13	SOLIDWORKS Part Document	1,000 KB
GP12_L_AXIS^GP12_AR1440_Standard	2024/4/2 16:13	SOLIDWORKS Part Document	3,399 KB
GP12_R_AXIS^GP12_AR1440_Standard	2024/4/2 16:13	SOLIDWORKS Part Document	2,959 KB
GP12_S_AXIS^GP12_AR1440	2024/4/2 16:13	SOLIDWORKS Part Document	6,893 KB
GP12_T_AXIS^GP12_AR1440_Standard	2024/4/2 16:13	SOLIDWORKS Part Document	98 KB
GP12_U_AXIS^GP12_AR1440_Standa...	2024/4/2 16:13	SOLIDWORKS Part Document	6,362 KB

图 1-3-11　下载的 3D 模型文件

六关节机器人 3D
获取及配合添加

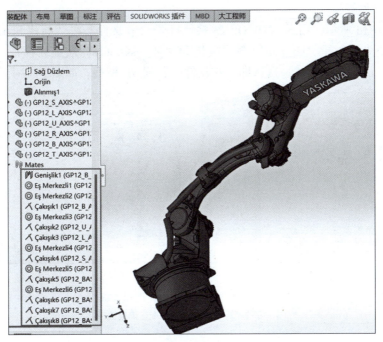

图 1-3-12　配合关系完整添加的 3D 模型文件

1.3.4　安川 AR1440 型六关节机器人 3D 模型文件处理

如图 1-3-13 所示，在下载的 3D 模型文件中，还有 .igs 和 .stp 文件①和②各一个，由于 .stp 文件格式具有通用性，因此需要学会对 .stp 文件进行提取、转存，以及添加对应的各种装配关系的操作。

名称	修改日期	类型	大小
∨ IGS 文件			
📄 GP12_AR1440.IGS ❶	2024/4/2 16:13	IGS 文件	72,399 KB
∨ SldWorks 2022 Application			
🔲 GP12_AR1440 ❷	2024/4/2 16:13	SldWorks 2022 Application	55,918 KB
∨ SOLIDWORKS Assembly Document			
↘ GP12_AR1440	2024/4/2 16:13	SOLIDWORKS Assembly Document	11,299 KB
∨ SOLIDWORKS Part Document			
🔵 GP12_B_AXIS^GP12_AR1440_Standard	2024/4/2 16:13	SOLIDWORKS Part Document	1,616 KB
🔵 GP12_BASE_AXIS^GP12_AR1440_Sta...	2024/4/2 16:13	SOLIDWORKS Part Document	1,000 KB
✏ GP12_L_AXIS^GP12_AR1440_Standard	2024/4/2 16:13	SOLIDWORKS Part Document	3,399 KB
🔵 GP12_R_AXIS^GP12_AR1440_Standard	2024/4/2 16:13	SOLIDWORKS Part Document	2,959 KB
🔵 GP12_S_AXIS^GP12_AR1440	2024/4/2 16:13	SOLIDWORKS Part Document	6,893 KB
⊘ GP12_T_AXIS^GP12_AR1440_Standard	2024/4/2 16:13	SOLIDWORKS Part Document	98 KB
🔵 GP12_U_AXIS^GP12_AR1440_Standa...	2024/4/2 16:13	SOLIDWORKS Part Document	6,362 KB

图 1-3-13　.igs 和 .stp 文件

1. .stp 文件转存

如图 1-3-14 所示，用 SOLIDWORKS 软件打开 .stp 文件，在"新建 SOLIDWORKS 文件"对话框中先后选择"gb_part"零件模板和"gb_assembly"装配体模板，最后再确认选择"gb_assembly"装配体一次，即可在软件中看到 3D 模型，如图 1-3-15（a）所示。

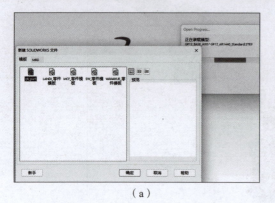
（a）

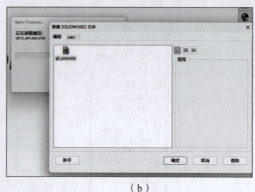
（b）

图 1-3-14　打开 .stp 文件选择模板
（a）零件模板选择；（b）装配体模板选择

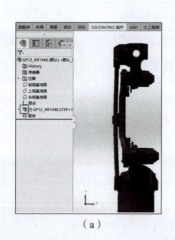
（a）

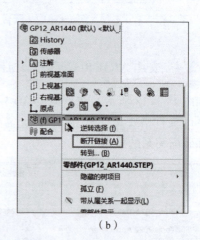
（b）

图 1-3-15　装配体 3D 模型
（a）3D 模型；（b）断开链接

在特征管理设计树中，子装配文件上有一个向左的绿色箭头 节点，在此处右击，在弹出的快捷菜单中选择"断开链接"命令，如图 1-13-15（b）所示。之后再打开子装配体文件，重新另存为装配体文件，如图 1-3-16 所示，在系统弹出的 SOLIDWORKS 对话框中单击"确定"按钮进行重命名操作，在系统弹出的"另存为"对话框中选中"内部保存（在装配体内）"单选按钮，单击"确定"按钮完成保存。

2. 配合关系添加

（1）单击特征管理设计树上第二个零件，按住 Shift 键不放，再单击最后一个零件，如图 1-3-17 所示，右击所有零件，在弹出的快捷菜单中选择"浮动"命令，进行配合关系添加。

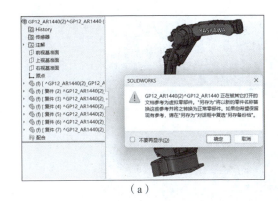 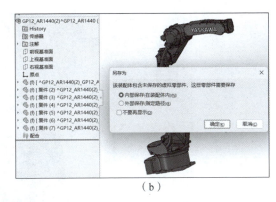

（a）　　　　　　　　　　（b）

图 1-3-16　另存为装配体文件

（a）SOLIDWORKS 对话框；（b）"另存为"对话框

（2）选择"配合"命令，依次选择图 1-3-18 所示的零件 2 上①处的外圆面和零件 1 上②处的外圆面，完成同轴心配合。

图 1-3-17　配合关系添加　　　　　**图 1-3-18　添加同轴心配合**

（3）继续添加配合，依次选择零件 1 的上平面和零件 2 的底平面，完成平面重合配合，如图 1-3-19 所示。

（4）参照以上步骤，依次完成零件 2 与零件 3、零件 3 与零件 4、零件 4 与零件 5、零件 5 与零件 6、零件 6 与零件 7 之间的同轴心、平面重合等配合关系的添加，完成配合如图 1-3-20 所示，此时可以通过对工业机器人零部件进行拖动来改变姿态。

【经验技巧】

（1）获取工业机器人 3D 模型文件和样本手册，可先从其品牌官网查找（一般样本手册都会提供），当无法获取 3D 模型文件时可从其他模型网站上采购，打开 3D 模型文件后再对照样本手册核实其尺寸参数。

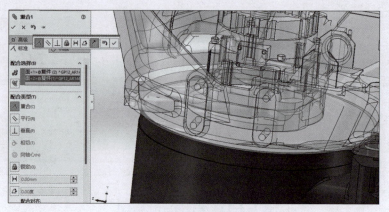

图 1-3-19　完成平面重合配合

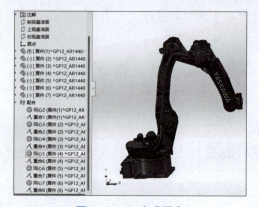

图 1-3-20　完成配合

（2）在打开下载的装配体 3D 模型文件添加配合关系时，无须拖动零部件，直接单击相应的配合对象，可保证其初始相互位置关系不变，以免零件过多随意拖动产生混乱。

（3）装配体文件一般只记录其零部件之间的配合关系，以及虚拟零件。因此在复制设计文件时应该将上述文件一起复制，养成将装配体文件和其组成的所有零部件文件存放在统一文件夹下的习惯，以免因零件缺失无法打开文件。

【任务评价】

对学生提交的装配体文件进行评价，配分权重表如表 1-3-1 所示。

表 1-3-1　配分权重表

序号	考核项目	评价标准	配分	得分
1	获取 .stp 文件	成功下载与否	10	
2	.stp 文件转存	每错一处扣 4 分	20	
3	配合关系添加	每少一处扣 5 分	60	
4	平时表现	考勤、作业提交	10	

【知识拓展】

1.3.5 SOLIDWORKS 软件文件类型

SOLIDWORKS 软件的常用文件类型和其他文件类型可参阅本书 1.1.1 节，本节主要介绍其通用文件格式——. stp 文件格式。

. stp 文件格式是一种符合标准产品数据交换（STEP）国际标准 ISO 10303 的 CAD 文件格式，是一种独立于系统的产品模组交换格式。. stp 文件能够在不同的软件之间传递并保持良好的兼容性。在格式转换的过程中，它损失的信息相对较少。. stp 文件的这种特性使得不同平台下的协作成为可能，使用不同工程软件的工程师可以共享文件而无须重新制作模型。通常非标自动化零部件供应商会提供 . stp 文件格式的 3D 模型，使用 SOLIDWORKS 软件也可以打开。

1.3.6 工业机器人底座固定及工装连接

工业机器人应用过程必须面对两个问题，一是法兰侧工具连接，二是底座固定连接，这就需要对各部分连接孔的大小和深度尺寸进行仔细观察，以便进行正确设计。图 1-3-21 所示为安川 AR1440 型六关节机器人样本手册。

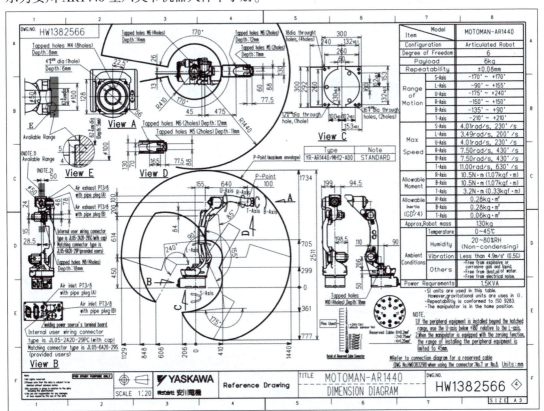

图 1-3-21 安川 AR1440 型六关节机器人样本手册

1. 法兰侧工具连接

从样本手册的视图 View E 中可以看出与第六轴法兰（见图 1-3-22）连接的配合关系和凸台要求，法兰盘外径为 620 mm，凸台外径为 100 mm，高为 1 mm；靠 8 个 M4 螺孔与其上的机械手紧固连接，为进一步提高周向定位精度，还可以加装直径为 4 mm 的定位销孔。在整个机械手和工装设计中应尽量遵循上述规则。

2. 底座固定连接

参照样本手册的视图 View C，除外形尺寸外，底座（见图 1-3-23）主要是靠 4 个直径为 18 mm 的孔进行定位连接，为增强其可靠性，还设置了 1 个直径为 12 mm、2 个直径为 16 mm 的定位销孔以供选用。

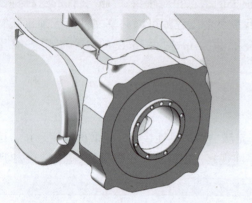

图 1-3-22　第六轴法兰 3D 模型

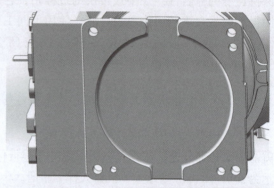

图 1-3-23　底座 3D 模型

任务 1.4　工具扳手创新设计

【任务描述】

查询生产中常用的其他类型扳手，参考图 1-4-1 给定的开口扳手外轮廓，尝试完成图 1-4-2 所示的组合扳手的创新设计，建立自己的工程图模板并出图。

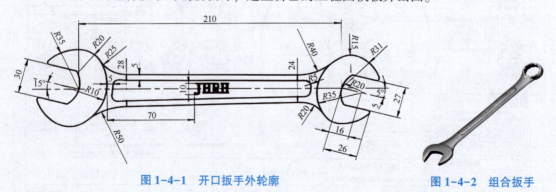

图 1-4-1　开口扳手外轮廓　　　　　　　　　　图 1-4-2　组合扳手

【学习重点】

学会利用组合创新思维和软件造型工具，进行组合扳手的创新设计并出图。设计的作品要符合国标螺钉松紧的要求，学会机械设计手册等资源的查阅方法，建立自己的工程图模板以方便调用。

【知识技能】

1.4.1 组合扳手及规格

组合扳手通常在柄部的一端或两端制有夹持螺栓或螺母的开口或套孔，使用时沿螺纹旋转方向在柄部施加外力，就能拧转螺栓或螺母。组合扳手的规格和开口尺寸是根据螺母型号来定义的，不同螺栓对应的扳手尺寸（部分）如表 1-4-1 所示。

表 1-4-1　不同螺栓对应的扳手尺寸（部分）

公制外六角螺栓和套筒（梅花）扳手对边尺寸			公制内六角螺栓和套筒扳手对边尺寸		
序号	外六角螺栓规格	对应扳手或套筒的对边尺寸	序号	内六角螺栓规格	对应扳手或套筒的对边尺寸
1	M3	5.5 mm	1	M3	2.5 mm
2	M4	7 mm	2	M4	3 mm
3	M5	8 mm	3	M5	4 mm
4	M6	10 mm	4	M6	5 mm
5	MS	13 mm	5	M8	6 mm
6	M10	16 mm	6	M10	8 mm
7	M12	18 mm	7	M12	10 mm
8	M14	21 mm	8	M14	12 mm
9	M16	24 mm	9	M16	14 mm
10	M18	27 mm	10	M18	14 mm
11	M20	30 mm	11	M20	17 mm
12	M22	34 mm	12	M22	17 mm
13	M24	36 mm	13	M24	19 mm
14	M27	41 mm	14	M27	19 mm
15	M30	46 mm	15	M30	22 mm
16	M36	55 mm	16	M36	27 mm
17	M42	65 mm	17	M42	30 mm

1.4.2　工程图模板创建

在使用 SOLIDWORKS 软件时为避免每画一张工程图都设置图纸格式，就必须制作 SOLIDWORKS 软件工程图模板。

（1）单击"新建"下拉按钮，在下拉列表框中选择"新建"命令，如图 1-4-3 所示，系统弹出"新建 SOLIDWORKS 文件"对话框，如图 1-4-4 所示。

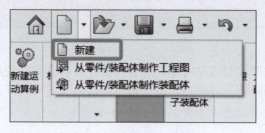

图 1-4-3　新建工程图

工程图模板和格式创建

（2）在"新建 SOLIDWORKS 文件"对话框中的"模板"选项组单击"gb_a3"按钮选择对应图纸，单击"确定"按钮完成。

（3）在特征管理设计树中选择"图纸 1"→"图纸格式 1"节点并右击，在弹出的快捷菜单中选择"编辑图纸格式"命令，如图 1-4-5 所示。

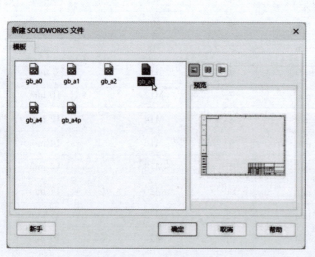

图 1-4-4　"新建 SOLIDWORKS 文件"对话框

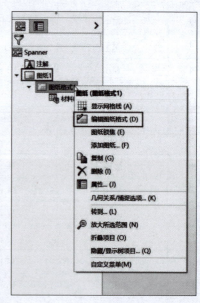

图 1-4-5　选择"编辑图纸格式"命令

（4）进入图纸格式编辑状态，如图 1-4-6 所示。

（5）选择"草图"→"边角矩形"命令，绘制图框线和图形界限，如图 1-4-7 及图 1-4-8 所示。

（6）编辑图框线。选择"智能尺寸"命令，添加尺寸约束，如图 1-4-9 所示。

（7）同样的方法绘制标题栏，如图 1-4-10 所示。

图 1-4-6　图纸格式编辑状态

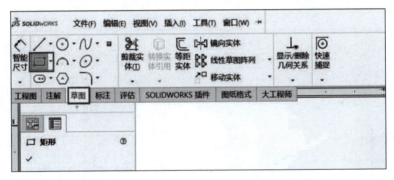

图 1-4-7　选择"草图"→"边角矩形"命令

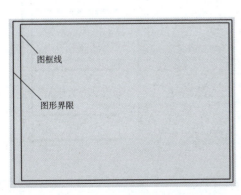

图 1-4-8　绘制图框线和图形界限

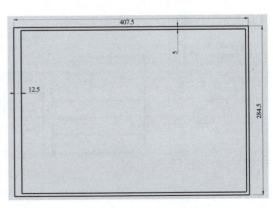

图 1-4-9　添加尺寸约束

项目 1　软件工具及设计资源准备

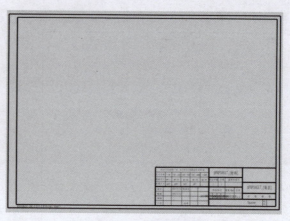

图 1-4-10　绘制标题栏

（8）添加文字注释。选择"注解"→"注释"命令，在"注释"属性管理器的"引线"选项组中单击"无引线"按钮，添加文字注释，如图 1-4-11（a）所示。

（9）调整注释文字。选中标题栏中的"威海职业学院机电学院""图纸名称""图号"并右击，在弹出的快捷菜单中选择"对齐"→"竖直对齐"命令，如图 1-4-11（b）所示。以类似方式可完成其他注解的对齐，完成后如图 1-4-11（c）所示。

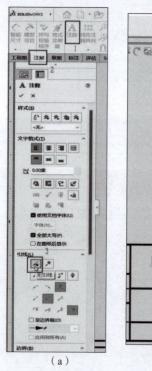
（a）

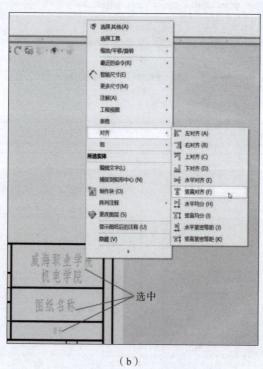
（b）

（c）

图 1-4-11　注释文字添加
（a）添加文字注释；（b）调整注释文字；（c）完成文字注释

（10）设置图纸的国标环境。选择"工具"→"选项"命令［见图1-4-12（a）］，在系统弹出的"文档属性（D）-绘图标准"对话框中单击"文档属性"标签［见图1-4-12（b）］，选择"尺寸"节点进行设置，相应界面如图1-4-12（c）所示。

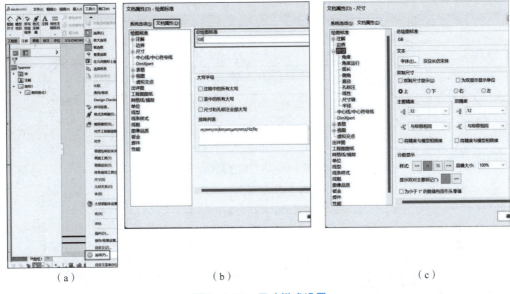

（a）　　　　　　　　　（b）　　　　　　　　　（c）

图1-4-12　尺寸样式设置

（a）选择"工具"→"选项"命令；（b）单击"文档属性"标签；（c）尺寸设置界面

（11）保存工程图模板文件。

选择"文件"→"另存为"命令，在系统弹出的"另存为"对话框中，输入文件名"GB-A3"，保存类型选择"工程图模板（.drwdot）"，单击"保存"按钮完成，如图1-4-13所示。

（12）新建工程图，即可查看、调用建立的工程图模板，如图1-4-14所示。

图1-4-13　保存模板

图1-4-14　查看、调用工程图模板

【实施案例】

1.4.3　组合扳手3D设计思路

（1）首先进行草图绘制，如图1-4-15所示。

（2）单击要拉伸的两个面，设置两侧对称拉伸，如图1-4-16所示。

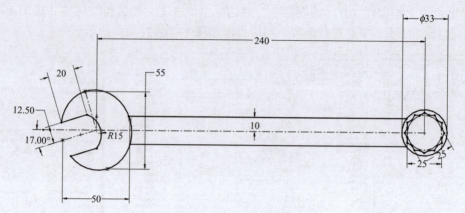

图1-4-15　草图绘制

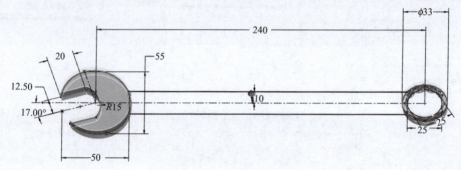

图1-4-16　设置两侧对称拉伸

（3）利用一个草图进行二次拉伸，选取草图区域对称拉伸凸台，添加倒角、凹槽等特征后完成设计，如图1-4-17和图1-4-18所示。

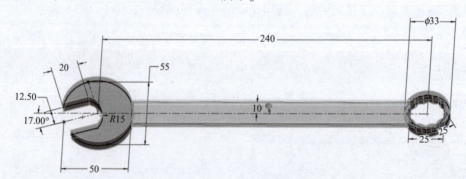

图1-4-17　草图区域选择

图1-4-18　完成设计

【经验技巧】

（1）具有对称结构的零部件设计，拉伸时选择"两侧对称"方式，可以方便地进行其他部分的特征造型。

（2）对于结构相对简单的零部件，可以先将草图一次绘出，拉伸时分别选择特定的轮廓区域完成造型。

（3）工程图模板要按照国标绘制，模板上一般保留设计者、公司标识（LOGO）、常用公差等相对变化较少的信息。

 【任务评价】

对学生提交的零件文件进行评价，配分权重表如表 1-4-2 所示。

表 1-4-2　配分权重表

序号	考核项目	评价标准	配分	得分
1	3D 模型文件完整性	每错一处扣 4 分	40	
2	结构合理性	每少一处扣 4 分	40	
3	平时表现	考勤、作业提交	20	

 【知识拓展】

1.4.4　机械非标设计

1. 非标设计

非标设计主要是指非标机械设计，即非标准设备、非标准件、非标准工装的设计。非标准机械就是目前市场上没有的机械产品，需要单独定制；不同功能的机械，其大小、形制等都有可能不同。另外，非标设备受用户场地的影响也很大，设备的设计往往受用户条件的制约。

2. 设计思路

机械设计行业需要多思多看，进入这个行业后，要先从整体上认识项目的设计思路，只有这样才能正确地看待所承担的具体设计任务。从产品设计、采购、加工到调试维修，都要考虑到位。以下是一些设计要点。

（1）清楚项目产品（或设备）的功能以及满足该功能的总体参数。

（2）明确传动（电动、气动及液压传动）方式的形式，结合成本控制要求，在合适的场景中择优选择应用，并通过对比选择合理的传动方式和传动路线。传动过程是从原动机到执行机构，可以理解为将原动机的功率重新分配，最终实现执行机构的转动（要求的扭矩和转速）或者直线、回转运动。

（3）通过执行机构的要求和已知传动路线（必须考虑各种传动路线的效率），反向推导原动机功率。原动机功率要有储备，之后选择合适的传动比，计算出最终的输出力或力矩。

（4）按照"能买不做"的原则，通过计算确定各个外购件的参数，选择厂家进行参数和价格对比，最终获取合理的外购件配置和外形尺寸。

（5）通过已确定的外购件尺寸和整机结构形式考虑各零部件的布置形式，须充分考虑各个零部件的安装、维修要求以及特殊要求。

（6）初步计算主体结构的受力情况，选择合理的截面尺寸。

（7）完成各机械零部件的详细设计。

国产机器人
远程手术

1.4.5 机械设计手册

推荐选用化学工业出版社或机械工业出版社的《机械设计手册》，这是作为一名机械设计工程师必备的工具书，如图 1-4-19 及图 1-4-20 所示。

图 1-4-19　化学工业出版社的《机械设计手册》　图 1-4-20　机械工业出版社的《机械设计手册》

1. 套筒扳手加工数字化制造

套筒扳手现有加工工艺路线为锻造毛坯→热镦沉孔→平两端面→车削外圆→两端钻深孔→铣小平面→打磨、清洗→镀铬。按照此工艺完成加工，目前需要大量的人工操作，为了提高加工效率、减少用工数量，必须对其工艺路线进行改进。改进后的工艺路线为锻造毛坯→热镦沉孔→平两端面→工业机器人上料→车削外圆（数控车床）→工业机器人转运→两端钻深孔（加工中心）→铣小平面（加工中心）→工业机器人下料→打磨、研磨→镀铬。

套筒扳手加工数字化制造工作站的整体设计如图 2-0-1 所示。

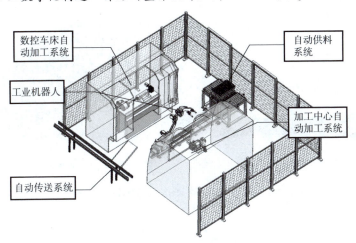

图 2-0-1　套筒扳手加工数字化制造工作站的整体设计

1）自动供料系统

自动供料系统包含供料小车、移动线轨、工业机器人及工业机器人底座装置等部分。其中，供料小车由一台移动供料小车和两台固定供料小车组成。供料小车上面的托板为牛眼滚轮可移动托板，设计有 7×12 个毛坯固定装置。托板可在固定供料小车和移动供料小车间平移。移动供料小车沿移动线轨滑动到工业机器人取料位置后固定。工业机器人扳手夹爪抓取毛坯，转动到数控车床安装位置，准备安装毛坯。工作时，工业机器人锁止机构将其锁止在固定位置，不工作时，可以将工业机器人沿滑轨推至一端，不占用原数控机床、加工中心技术人员操作空间。

2）数控车床自动加工系统

数控车床自动加工系统主要包括摩擦定位装置、六方定位轮盘和尾座自动定位锁止装置。摩擦定位装置由气缸推动前后移动，力矩电机驱动主动轮带动六方定位轮盘旋转，通过传感器获取六方定位轮盘轴中 6 个锥面的角度，实现周向准停，保证工件安装时 6 个面精准定位。尾座电机带动涡轮减速器旋转，输出轴驱动丝杆运动，推动活顶尖准确定位锁紧。活顶尖可以跟随主轴一起转动，保证工件外轮廓加工完全。

3）加工中心自动加工系统

加工中心自动加工系统的设计主要是定位锁紧夹具设计。加工中心自动加工系统采用周向变位专用夹具，可以切换 3 个加工位置并利用自动夹紧的回转夹紧气缸进行固定夹紧。首先使用回转夹紧气缸驱动工业机器人手臂将扳手放到夹具上后进行落下夹紧，然后使夹具夹住扳手旋转到钻孔的角度进行一端钻孔，再旋转到另一角度进行另一端钻孔。钻孔完毕后将夹具旋转至第三角度进行弯折扳手多余区域的加工，夹具旋转到规定角度时用气缸进行自动锁止，使夹具保持角度以便加工。

4）自动传送系统

加工中心自动加工系统完成加工后，工业机器人自动取下成品并将其放置在滑道中，经传送带输送至成品区。

2. 取放料要求

为了完成切削加工阶段的工业机器人自动上下料，必须针对不同规格的套筒扳手毛坯和各工序加工后的半成品零件完成相应的取放料工装设计，毛坯及其取料时的放置状态如图 2-0-2、图 2-0-3 所示。

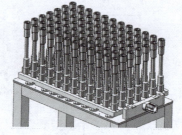

图 2-0-2　毛坯　　　　　　　图 2-0-3　毛坯取料时的放置状态

本项目主要是完成工业机器人整套机械夹爪的 3D 造型设计及非标准件制图。

学习目标

	知识目标	能力目标	素养目标
学习目标	1. 了解空间自由度、六点定位原则 2. 了解常用标准件、气缸的类型及作用 3. 了解常用零部件材料性能 4. 了解自上而下设计方法及关联参考设计思路 5. 了解零部件属性查询方法 6. 了解常用的简单设计计算方法	1. 掌握零件定位、夹紧的方法 2. 掌握气缸所需夹持力的计算方法，以及常用标准件、气缸的选型 3. 学会零部件材料添加的方法 4. 掌握自上而下设计方法及关联参考设计技巧 5. 会查询零部件属性，并学会特定属性的定义及查询 6. 能完成通用 .stp 格式文件的处理和配合添加	1. 培养团队合作意识 2. 掌握零部件设计思路 3. 会查找非标通用件的资料，能看懂手册，能获取 3D 模型文件并进行相应处理 4. 提高软件操作技巧 5. 学会使用设计手册，规范制图

项目 2 知识技能图谱如图 2-0-4 所示。

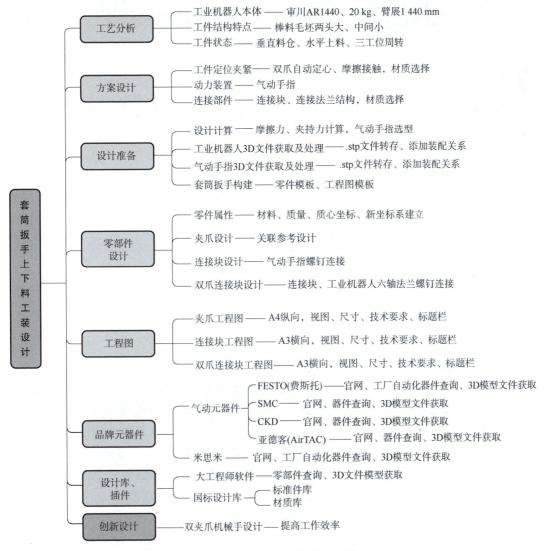

图 2-0-4 项目 2 知识技能图谱

实施建议

1. 实施条件建议

地点：多媒体机房。

设备要求：能够运行 SOLIDWORKS 2022 软件的台式计算机，每人 1 台。

2. 课时安排建议

20 学时。

3. 教学组织建议

学生每 4~5 人组成一个小组，每小组设组长 1 名，在教师的指导下，采用项目导向、任务驱动的方式，根据要求完成 3D 造型和工程图。

全球首例 5G 远程
国产机器人辅助
在山东青岛隔空
给贵州患者动手术

【任务描述】

根据项目 1 中完成的套筒扳手 3D 模型文件，添加 40CrV 钢材料，使用 SOLIDWORKS 2022 软件的测量工具得到工件总质量，然后确定合理的夹持方案并完成相关设计计算。

【学习重点】

掌握零部件的六点定位原则；学会查找手册确定摩擦因数；可基于工件的尺寸和质量确定合理的夹取方式；进行合理的设计计算，确定夹紧力和夹爪之间的开口尺寸；选用合适的气动部件，获取其 3D 模型文件，完成配合关系添加。

【知识技能】

2.1.1　六点定位原则

1. 六自由度

工件六自由度示意如图 2-1-1 所示。

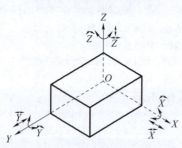

图 2-1-1　工件六自由度示意

工件在空间具有 6 个自由度，即沿 X 轴、Y 轴、Z 轴 3 个直角坐标轴方向的移动自由度和绕这 3 个坐标轴的转动自由度。因此，要完全确定工件的位置，就必须消除这 6 个自由度，通常用 6 个支撑点（即定位元件）来限制工件的 6 个自由度，其中每个支撑点限制相应的 1 个自由度。

2. 六点定位原则的应用

六点定位原则对于任何形状工件的定位都是适用的，如果违背这个原理，工件在夹具中的位置就不能完全确定。然而，用工件六点定位原则进行定位时，必须根据具体加工要求灵活运用。工件形状不同、定位表面不同，定位点的布置情况也会各不相同。其宗旨是使用最简单的定位方法，使工件在夹具中迅速获得正确的位置。

3. 工件的定位

（1）完全定位。工件的 6 个自由度全部被夹具中的定位元件限制，在夹具中占有完全确定的唯一位置，称为完全定位。

（2）不完全定位。根据工件加工表面的不同加工要求，定位支撑点的数目可以少于 6 个，有些自由度对加工要求有影响，有些自由度对加工要求无影响，这种定位情况称为不完全定位。不完全定位是允许的。

（3）欠定位。按照加工要求应该限制的自由度没有被限制的定位称为欠定位。欠定位是不允许的，因为欠定位无法保证满足加工要求。

（4）过定位。工件的1个或几个自由度被不同的定位元件重复限制的定位称为过定位。当过定位导致工件或定位元件变形、影响加工精度时，严禁采用。但当过定位并不影响加工精度，反而对提高加工精度有利时，允许采用。各类钳加工和机加工都会用到过定位。

2.1.2 材料之间的摩擦因数

1. 摩擦因数

摩擦因数是指两表面间的摩擦力和作用在其中一个表面上的垂直力的比值，即摩擦因数=摩擦力/垂直力。它只和表面粗糙度有关，而和接触面积的大小无关。依据运动的性质，摩擦因数可分为动摩擦因数和静摩擦因数。

如果两表面互相静止，那么两表面间接触的地方会形成一种强结合力，称为静摩擦力，除非破坏了这种强结合力，否则不能使一个表面相对另一个表面运动，破坏这种强结合力使两物体发生相对滑动的运动前的力与对其中一个表面的垂直作用力的比值称为静摩擦因数，静摩擦力的计算公式为

$$f_s = \mu_s N \tag{2-1}$$

式中，μ_s 为静摩擦因数；f_s 为静摩擦力；N 为垂直作用力。

这种破坏力也是要使物体发生相对滑动的最大的力，因此又称此力为最大静摩擦力。

汽车启动后过一段时间会慢慢减速，最后静止。这表示物体运动时，它的表面和另一表面仍然存在摩擦力。而实验发现此摩擦力比静止时的摩擦力小，称为动摩擦力，动摩擦力与垂直于其中一个表面的作用力的比值称为动摩擦因数，动摩擦力的计算公式为

$$f_k = \mu_k N \tag{2-2}$$

式中，f_k 为动摩擦力；μ_k 为动摩擦因数。

由以上可得，$\mu_s > \mu_k$。

2. 常用材料间的摩擦因数

常用材料间的摩擦因数如表2-1-1所示。

表2-1-1 常用材料间的摩擦因数

摩擦副材料	摩擦因数 μ		摩擦副材料	摩擦因数 μ	
	无润滑	有润滑		无润滑	有润滑
钢—钢	0.15[1]	$0.1 \sim 0.12$[1]	青铜—不淬火的T8例	0.16	—
	0.1[2]	$0.05 \sim 0.1$[2]	青铜—黄铜	0.16	—
钢—软钢	0.2	$0.0 \sim 0.2$	青铜—青铜	$0.15 \sim 0.20$	$0.04 \sim 0.10$
钢—不淬火的T8钢	0.15	0.3	青铜—钢	0.16	
钢—铸铁	$0.2 \sim 0.3$[1]	$0.05 \sim 0.15$	青铜—酚醛树脂层压材	0.23	—
	$0.16 \sim 0.18$[2]		青铜—钢纸	0.24	
钢—黄铜	0.19	0.03	青铜—塑料	0.21	

续表

摩擦副材料	摩擦因数 μ		摩擦副材料	摩擦因数 μ	
	无润滑	有润滑		无润滑	有润滑
钢—青铜	0.15~0.18	0.1~0.15[1]	青铜—硬橡胶	0.36	—
		0.07[2]	青铜—石板	0.33	—
钢—铝	0.17	0.02	青铜—绝缘物	0.26	—
钢—轴承合金	0.2	0.04	铝—不淬火的 T8 钢	0.18	0.03
钢—夹布胶木	0.22	—	铝—淬火的 T8 钢	0.17	0.02
钢—粉末冶金材料	0.35~0.55[1]	—	铝—黄铜	0.27	0.02
钢—冰	0.027[1]	—	铝—青铜	0.22	—
	0.014[2]	—	铝—钢	0.30	0.02
石棉基材料—铸铁或钢	0.25~0.40	0.08~0.12	铝—酚醛树脂层压材	0.26	
皮革—铸铁或钢	0.30~0.50	0.12~0.15	硅铝合金—酚醛树脂层压材	0.34	
木材（硬木）—铸铁或钢	0.20~0.35	0.12~0.16	硅铝合金—钢纸	0.32	
软木—铸铁或钢	0.30~0.50	0.15~0.25	硅铝合金—树脂	0.28	
钢纸—铸铁或钢	0.30~0.50	0.12~0.17	硅铝合金—硬橡胶	0.25	
毛毡—铸铁或钢	0.22	0.18	硅铝合金—石板	0.26	
软钢—铸铁	0.2[1], 0.18[2]	0.05~0.15	硅铝合金—绝缘物	0.26	
软钢—青铜	0.2[1], 0.18[2]	0.07~0.15	木材—木材	0.4~0.6[1]	0.1[1]
铸铁—铸铁	0.15	0.15~0.16[1]		0.2~0.5[2]	0.07~0.10[2]
		0.07~0.12[2]	麻绳—木材	0.5~0.8[1]	—
铸铁—青铜	0.28[1]	0.16[1]		0.5[2]	—
	0.15~0.21[2]	0.07~0.15[2]	45 号淬火钢—聚甲醛	0.46	0.016
铸铁—皮革	0.55[1], 0.28[2]	0.15[1], 0.12[2]	45 号淬火钢—聚碳酸酯	0.30	0.03
铸铁—橡胶	0.8	0.5	45 号淬火钢—尼龙 9（加 3%MoS_2 填充料）	0.57	0.02
橡胶—橡胶	0.5	—			

摩擦副材料	摩擦因数 μ		摩擦副材料	摩擦因数 μ	
	无润滑	有润滑		无润滑	有润滑
皮革—木料	0.4~0.5[①]	—	45 号淬火钢—尼龙 9（加 30% 玻璃纤维填充物）	0.48	0.023
	0.03~0.05[②]	—			
铜—78 钢	0.15	0.03	45 号淬火钢—尼龙 1010（加 30% 玻璃纤维填充物）	0.039	—
铜—铜	0.20	—			
黄铜—不淬火的 T8 钢	0.19	0.03	45 号淬火钢—尼龙 1010（加 40% 玻璃纤维填充物）	0.07	—
黄铜—淬火的 T8 钢	0.14	0.02			
黄铜—黄铜	0.17	0.02	45 号淬火钢—氯化聚醚	0.35	0.034
黄铜—钢	0.30	0.02	45 号淬火钢—苯乙烯-丁二烯-丙烯腈共聚体（ABS）	0.35~0.46	0.018
黄铜—硬橡胶	0.25	—			
黄铜—石板	0.25	—			
黄铜—绝缘物	0.27	—	普通钢板（$Ra6.3$~$12.5\ \mu m$）与混凝土	0.45~0.6	

注：1. 表中滑动摩擦因数是摩擦表面为一般情况时的试验数值，由于实际工作条件和试验条件不同，表中的数据只能作近似计算参考。

2. 除①、②标注外，其余材料动、静摩擦因数二者兼有。

①静摩擦因数。

②动摩擦因数。

2.1.3 常用气缸

亚德客（AirTAC）工业股份有限公司总部位于中国台湾省，于 1988 年创立，是全球知名专业传动器材供货商/生产商，主要生产气源处理元件、控制元件、执行元件、辅助元件及线轨等，产品广泛用于汽车、机械制造、冶金、电子技术、轨道交通、环保处理、轻工纺织、陶瓷、医疗器械等领域，其气缸（执行元件）产品种类丰富。下面以亚德客气缸产品为例介绍常用的气缸及其特点。

中国空间站"多面手"机械臂效率提升

项目 2 套筒扳手上下料工装设计

1. 标准气缸

标准气缸包括气缸筒、活塞、活塞杆、密封件、导向件和连接件等部分。图2-1-2所示为亚德客SC标准气缸。其工作原理是通过气压控制活塞在气缸筒内做往复运动，从而实现机械设备的运动控制。其优点是结构简单、使用方便、性能稳定等，可以根据需要调节气缸的行程、速度和驱动力，满足不同机械设备的运动控制要求。

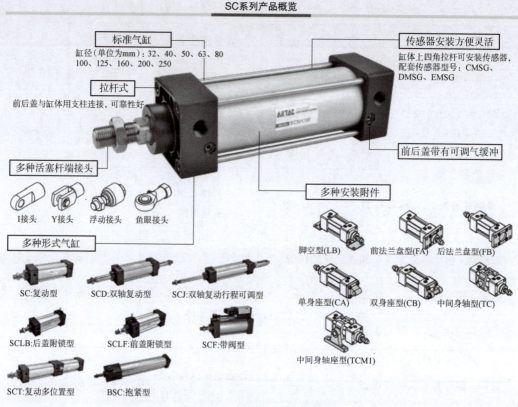

SC系列产品概览

标准气缸
缸径（单位为mm）：32、40、50、63、80
100、125、160、200、250

拉杆式
前后盖与缸体用支柱连接，可靠性好

传感器安装方便灵活
缸体上四角拉杆可安装传感器，
配套传感器型号：CMSG、
DMSG、EMSG

前后盖带有可调气缓冲

多种活塞杆端接头
I接头　Y接头　浮动接头　鱼眼接头

多种形式气缸
SC:复动型　SCD:双轴复动型　SCJ:双轴复动行程可调型
SCLB:后盖附锁型　SCLF:前盖附锁型　SCF:带阀型
SCT:复动多位置型　BSC:抱紧型

多种安装附件
脚空型(LB)　前法兰盘型(FA)　后法兰盘型(FB)
单身座型(CA)　双身座型(CB)　中间身轴型(TC)
中间身轴座型(TCM1)

图 2-1-2　亚德客 SC 标准气缸

2. 迷你气缸

迷你气缸（又称微型气缸、微小型气缸、笔形气缸）的材料主要有不锈钢和铝合金。图2-1-3所示为亚德客PB迷你气缸。迷你气缸的特点是价格便宜，结构紧凑，外观美观，前后螺纹安装固定，能有效节省安装空间，适用于高频率的使用要求，应用领域有电子、医疗、包装机械等。迷你气缸使用时需要磁性开关安装支架，磁性开关的安装方式分为钢带安装和轨道安装。迷你气缸通过浮动接头连接气缸活塞杆和运动件，使运动件运动顺滑、平稳，防止卡死。气缸行程选择必须留有余量。

3. 超薄气缸

超薄气缸的特点是结构紧凑、质量小、占用空间小等。图2-1-4所示为亚德客ACQ超薄气缸。其缸体为方形，无须安装附件即可直接安装于各种夹具和专用设备上。气缸活塞杆端分为内牙型和外牙型，需要搭配导向元件使用。

PB系列产品概览

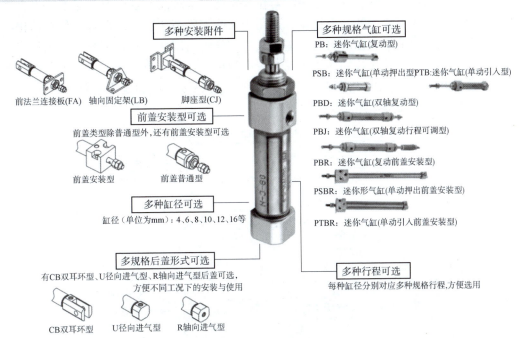

图 2-1-3　亚德客 PB 迷你气缸

ACQ系列产品概览

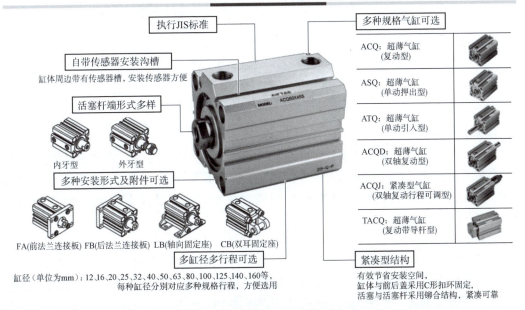

图 2-1-4　亚德客 ACQ 超薄气缸

4. 滑台气缸

滑台气缸的特点是精度高、速度快、耐用性强且安装方便。滑台气缸的精度高，能够保证高精度的运动控制，这对于一些对位置精度要求较高的场合非常重要。滑台气缸的速度快，能够实现快速的线性运动，适用于某些需要高速运动的场合，如自动化生产线。滑台气缸通常采用高强度材料制造，具有较强的耐用性，并且不容易出现故障，因此，滑台气缸通常能够在长期使用中保持较高的稳定性。滑台气缸具有较小的体积和质量，容易安装和维护，通常只需要进行简单的安装、接线和固定即可使用。图 2-1-5 所示为亚德客 HLF 超薄型精密滑台气缸。

HLF系列产品概览

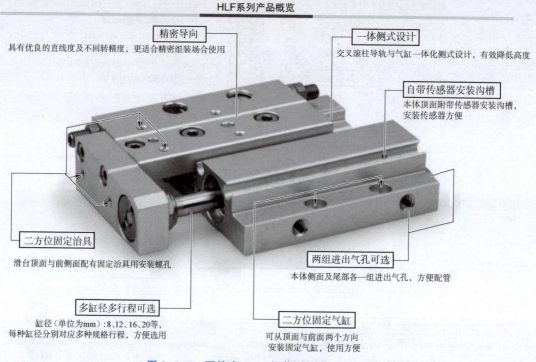

精密导向
具有优良的直线度及不回转精度，更适合精密组装场合使用

一体侧式设计
交叉滚柱导轨与气缸一体化侧式设计，有效降低高度

自带传感器安装沟槽
本体顶面附带传感器安装沟槽，安装传感器方便

二方位固定治具
滑台顶面与前侧面配有固定治具用安装螺孔

两组进出气孔可选
本体侧面及尾部各一组进出气孔，方便配管

多缸径多行程可选
缸径（单位为mm）：8、12、16、20等，每种缸径分别对应多种规格行程，方便选用

二方位固定气缸
可从顶面与前面两个方向安装固定气缸，使用方便

图 2-1-5   亚德客 HLF 超薄型精密滑台气缸

5. 双轴气缸

双轴气缸是将两个单杆薄型气缸并联在一起的气缸，特点是埋入式本体安装，形式固定，节省安装空间。双轴气缸具有一定的导向、抗弯曲及抗扭转性能，能承受一定的侧向负载，其本体前端的防撞垫可调整气缸行程并缓解冲击，比单轴气缸的输出力要大。图 2-1-6 所示为亚德克 TN、TR 双轴气缸。

6. 无杆气缸

无杆气缸没有普通气缸的刚性活塞杆，而是利用活塞直接或间接实现往复运动。无杆气缸分为机械耦合及磁耦合两类，这种气缸的最大优点是节省安装空间，特别是适用于小缸径、长行程的场合。无杆气缸使用时不可以固定中间滑块，必须固定两端前后座；应避免直接受力，否则会造成气缸管弯曲。无杆气缸的缺点是价格较高，且其磁耦合活塞负载不能过大，否则容易脱落。图 2-1-7 所示为亚德客 RMTL 无杆气缸。

TN、TR系列产品概览

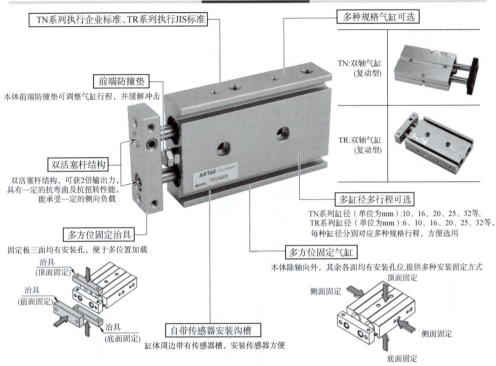

TN系列执行企业标准、TR系列执行JIS标准

多种规格气缸可选

TN:双轴气缸
（复动型）

TR:双轴气缸
（复动型）

前端防撞垫
本体前端防撞垫可调整气缸行程，并缓解冲击

双活塞杆结构
双活塞杆结构，可获2倍输出力，
具有一定的抗弯曲及抗扭转性能，
能承受一定的侧向负载

多方位固定治具
固定板三面均有安装孔，便于多位置加载

治具
（顶面固定）

治具
（前面固定）

治具
（底面固定）

自带传感器安装沟槽
缸体周边带有传感器槽，安装传感器方便

多缸径多行程可选
TN系列缸径（单位为mm）:10、16、20、25、32等，
TR系列缸径（单位为mm）:6、10、16、20、25、32等，
每种缸径分别对应多种规格行程，方便选用

多方位固定气缸
本体除轴向外，其余各面均有安装孔位,提供多种安装固定方式

顶面固定

侧面固定

侧面固定

底面固定

图 2-1-6　亚德客 TN、TR 双轴气缸

RMTL系列产品概览

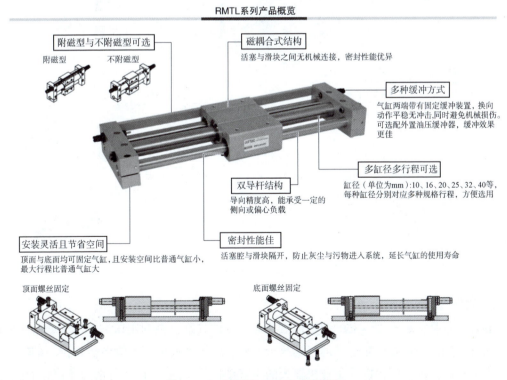

附磁型与不附磁型可选

附磁型　　不附磁型

磁耦合式结构
活塞与滑块之间无机械连接，密封性能优异

多种缓冲方式
气缸两端带有固定缓冲装置，换向
动作平稳无冲击，同时避免机械损伤。
可选配外置油压缓冲器，缓冲效果
更佳

双导杆结构
导向精度高，能承受一定的
侧向或偏心负载

多缸径多行程可选
缸径（单位为mm）:10、16、20、25、32、40等，
每种缸径分别对应多种规格行程，方便选用

安装灵活且节省空间
顶面与底面均可固定气缸，且安装空间比普通气缸小，
最大行程比普通气缸大

密封性能佳
活塞腔与滑块隔开，防止灰尘与污物进入系统，延长气缸的使用寿命

顶面螺丝固定

底面螺丝固定

图 2-1-7　亚德客 RMTL 无杆气缸

7. 气动手指

气动手指可以实现各种抓取功能，是现代气动机械手的关键部件。气动手指的特点是均为双作用，能实现双向抓取，可自动对中，重复精度高，且抓取力矩恒定。图2-1-8所示为亚德客HFZ气动手指。

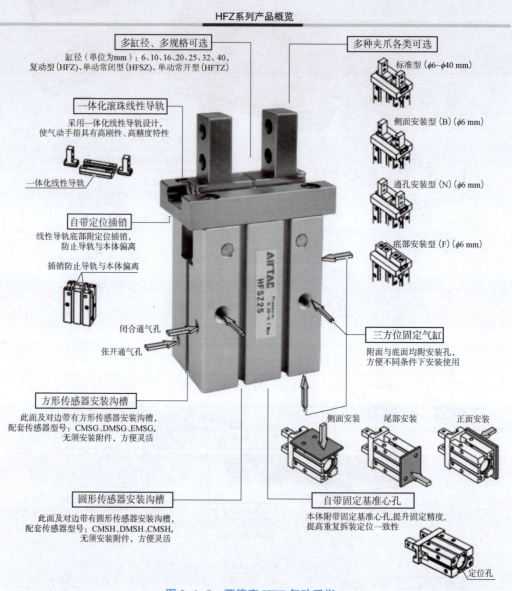

HFZ系列产品概览

多缸径、多规格可选
缸径（单位为mm）：6、10、16、20、25、32、40，
复动型（HFZ）、单动常闭型（HFSZ）、单动常开型（HFTZ）

多种夹爪各类可选
标准型（φ6~φ40 mm）
侧面安装型（B）（φ6 mm）
通孔安装型（N）（φ6 mm）
底部安装型（F）（φ6 mm）

一体化滚珠线性导轨
采用一体化线性导轨设计，
使气动手指具有高刚性、高精度特性
一体化线性导轨

自带定位插销
线性导轨底部附定位插销，
防止导轨与本体偏离
插销防止导轨与本体偏离

闭合通气孔
张开通气孔

三方位固定气缸
附面与底面均附安装孔，
方便不同条件下安装使用

方形传感器安装沟槽
此面及对边带有方形传感器安装沟槽，
配套传感器型号：CMSG、DMSG、EMSG，
无须安装附件，方便灵活

侧面安装　　尾部安装　　正面安装

圆形传感器安装沟槽
此面及对边带有圆形传感器安装沟槽，
配套传感器型号：CMSH、DMSH、CMSH，
无须安装附件，方便灵活

自带固定基准心孔
本体附带固定基准心孔，提升固定精度，
提高重复拆装定位一致性
定位孔

图2-1-8　亚德客HFZ气动手指

8. 旋转气缸

旋转气缸是一种在0°~360°范围内做往复摆动的气缸，是利用压缩空气驱动输出轴在一定角度范围内做往复回转运动的气动执行元件。旋转气缸可用于物体的转拉、翻转、分类、夹紧、阀门的开闭，以及工业机器人的手臂动作等。图2-1-9所示为亚德客HRQ齿轮齿条式旋转气缸。

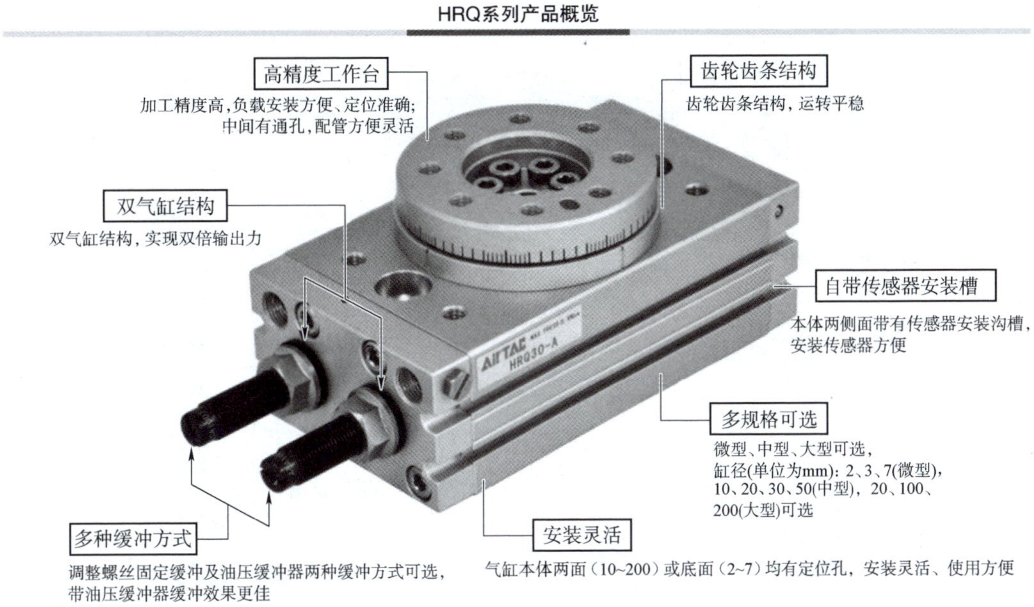

HRQ系列产品概览

图 2-1-9 亚德客 HRQ 齿轮齿条式旋转气缸

旋转气缸有叶片式和齿轮式两类。叶片式旋转气缸通过内部止动块或外部挡块来改变其摆动角度。止动块和缸体固定在一起，叶片和转轴连在一起。气压作用在叶片上，带动转轴回转，并输出转矩。齿轮式旋转气缸通过气压力推动活塞来带动齿条做直线运动，齿条带动齿轮做回转运动，由齿轮轴输出转矩并带动负载摆动。

9. 自由安装型气缸

自由安装型气缸的特点是行程短，缸体为长方形。自由安装型气缸活塞杆端分为内牙型和外牙型，这类气缸可以从本体 4 个方向固定，具有多种安装方式。图 2-1-10 所示为亚德客 MD/MK 自由安装型气缸。

10. 旋转夹紧气缸

图 2-1-11 所示为亚德客 QCK 旋转夹紧气缸。旋转夹紧气缸实现旋转压紧的功能，旋转方向分为向左和向右，通常用在空间紧凑的结构中实现旋转压紧动作。

11. 导杆气缸

图 2-1-12 所示为亚德客导杆（三轴）气缸。导杆气缸分为直线轴承型和铜套型两类。直线轴承型导杆气缸适合推举动作及低摩擦运动场合；铜套型导杆气缸适用于受径向载荷、高载荷的场合。导杆气缸的特点是结构紧凑，能有效节省安装空间，本身自带导向功能，可以承受一定的横向载荷，具有多种安装方式。导杆气缸可用于阻挡、上料、推料、冲压、夹持等场合。

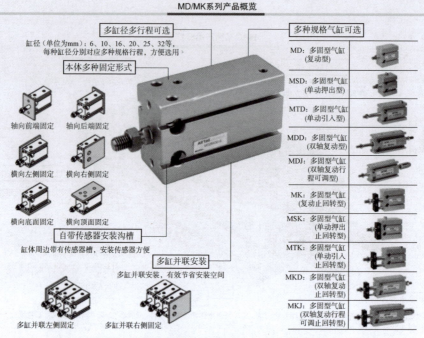

MD/MK系列产品概览

多缸径多行程可选
缸径（单位为mm）：6、10、16、20、25、32等，每种缸径分别对应多种规格行程，方便选用

本体多种固定形式
- 轴向前端固定
- 轴向后端固定
- 横向左侧固定
- 横向右侧固定
- 横向底面固定
- 横向顶面固定

自带传感器安装沟槽
缸体周边带有传感器槽，安装传感器方便

多缸并联安装
多缸并联安装，有效节省安装空间
- 多缸并联左侧固定
- 多缸并联右侧固定

多种规格气缸可选
- MD：多固型气缸（复动型）
- MSD：多固型气缸（单动押出型）
- MTD：多固型气缸（单动引入型）
- MDD：多固型气缸（双轴复动型）
- MDJ：多固型气缸（双轴复动行程可调型）
- MK：多固型气缸（复动止回转型）
- MSK：多固型气缸（单动押出止回转型）
- MTK：多固型气缸（单动引入止回转型）
- MKD：多固型气缸（双轴复动止回转型）
- MKJ：多固型气缸（双轴复动行程可调止回转型）

图 2-1-10　亚德客 MD/MK 自由安装型气缸

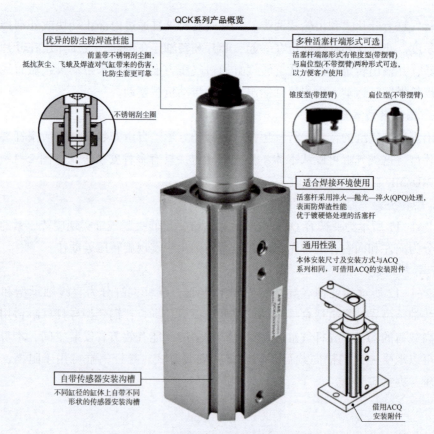

QCK系列产品概览

优异的防尘防焊渣性能
前盖带不锈钢刮尘圈，抵抗灰尘、飞蛾及焊渣对气缸带来的伤害，比防尘套更可靠

不锈钢刮尘圈

多种活塞杆端形式可选
活塞杆端部形式有锥度型（带摆臂）与扁位型（不带摆臂）两种形式可选，以方便客户使用

锥度型（带摆臂）　　扁位型（不带摆臂）

适合焊接环境使用
活塞杆采用淬火—抛光—淬火(QPQ)处理，表面防焊渣性能优于镀硬铬处理的活塞杆

通用性强
本体安装尺寸及安装方式与ACQ系列相同，可借用ACQ的安装附件

自带传感器安装沟槽
不同缸径的缸体上自带不同形状的传感器安装沟槽

借用ACQ安装附件

图 2-1-11　亚德客 QCK 旋转夹紧气缸

TCL、TCM系列产品概览

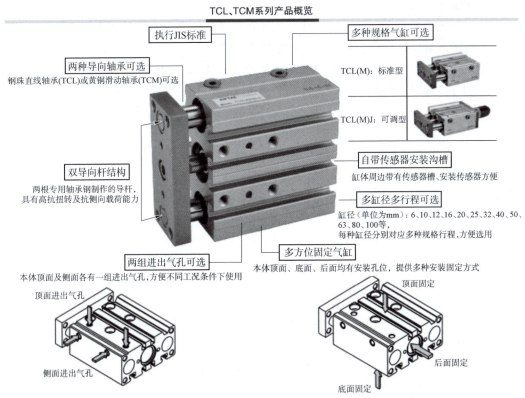

图 2-1-12　亚德客 TCL 导杆（三轴）气缸

2.1.4　气缸选型

1. 选型步骤

气缸的选型应根据工作要求和条件正确选择。下面以单活塞杆双作用缸为例介绍气缸的选型步骤。

（1）气缸缸径。根据气缸负载力的大小来确定气缸的输出力，由此计算出气缸的缸径。

（2）气缸的行程。气缸的行程与使用场合和机构的行程有关，但一般不选用满行程。

（3）气缸的强度和稳定性计算。

（4）气缸的安装形式。气缸的安装形式由安装位置和使用目的等因素决定。一般情况下，采用固定式气缸。在需要随工作机构连续回转时（如车床、磨床等），应选用旋转气缸。在活塞杆除直线运动外还需做圆弧摆动时，应选用轴销式气缸。有特殊要求时，应选用相应的特种气缸。

（5）气缸的缓冲装置。根据活塞的速度决定是否采用缓冲装置。

（6）磁性开关。当气动系统采用电气控制方式时，可选用带磁性开关的气缸。

（7）其他要求。如果气缸工作在有灰尘等恶劣环境下，则需要在活塞杆伸出端安装防尘罩。在要求无污染时，则需要选用无给油气缸或无油润滑气缸。

2. 气缸缸径计算

气缸缸径需要根据其负载大小、运行速度和系统工作压力决定。首先，根据气缸安装及驱动负载的实际工况，分析计算出气缸轴向实际负载 F，再由气缸平均运行速度来选定气缸的负载率 θ，初步选定气缸工作压力（一般为 0.4~0.6 MPa），再由 F/θ 计算出气缸理论输出力 F_t，最后计算出缸径及杆径，并按标准圆整得到实际所需的缸径和杆径。表 2-1-2 所示为气缸负载率选择，表 2-1-3 是亚德客某型号气缸说明书给出的标准气缸理论输出力。

[例] 气缸推动工件在水平导轨上运动。已知工件等运动件的质量 $m=250\,\text{kg}$，工件与导轨间的摩擦因数 $\mu=0.25$，气缸行程 $s=400\,\text{mm}$，经 1.5 s 时间工件运动到位，系统工作压力 $p=0.4\,\text{MPa}$，试选定气缸缸径。

解：气缸实际轴向负载为

$$F=\mu mg=0.25\times250\times9.81\,\text{N}=613.13\,\text{N}$$

按气缸平均速度为 300 mm/s，参照表 2-1-2，选定负载率 $\theta=0.5$。
则气缸理论输出力为

$$F_t=F/\theta=(613.13/0.5)\,\text{N}=1\,226.26\,\text{N}$$

通过与表 2-1-3 进行比较（考虑气缸活塞侧伸出），选定气缸缸径为 63 mm（压侧推力为 1 246.81 N）。

表 2-1-2　气缸负载率选择

工况	负载率 θ
静负载（夹持、顶紧）	$\theta\leqslant0.8$，一般为 0.7~0.8
动负载（0~100 mm/s）	$\theta\leqslant0.65$
动负载（100~500 mm/s）	$\theta\leqslant0.5$
动负载（500 mm/s 以上）	$\theta\leqslant0.35$，速度越大，θ 越小

表 2-1-3　标准气缸理论输出力　　　　　　　　　　　单位：N

气缸缸径/mm	活塞杆外径/mm	动作方式		受压面积/mm²	空气压力/MPa								
					0.1	0.2	0.3	0.4	0.5	0.6	0.7	0.8	0.9
32	12	复动	压侧	804	80.4	160.8	241.2	321.6	402.0	482.4	562.8	643.2	723.6
			拉侧	690	69.0	138.0	207.0	276.0	345.0	414.0	483.0	552.0	621.0
40	16	复动	压侧	1 256	125.6	251.2	376.8	502.4	628.0	753.6	879.2	1 004.8	1 130.4
			拉侧	1 055	105.5	211.0	316.5	422.0	527.5	633.0	738.5	844.0	949.5
50	20	复动	压侧	1 963	196.3	392.6	588.9	785.2	981.5	1 177.8	1 374.1	1 570.4	1 766.7
			拉侧	1 649	164.9	329.8	494.7	659.6	824.5	989.4	1 154.3	1 319.2	1 484.1
63	20	复动	压侧	3 117	311.7	623.4	953.1	1 246.8	1 558.5	1 870.2	2 181.9	2 493.6	2 805.3
			拉侧	2 803	280.3	560.6	840.9	1 121.2	1 401.5	1 681.8	1 962.1	2 242.4	2 522.7

气缸缸径/mm	活塞杆外径/mm	动作方式		受压面积/mm²	空气压力/MPa								
					0.1	0.2	0.3	0.4	0.5	0.6	0.7	0.8	0.9
80	25	复动	压侧	5 026	50.26	1 005.2	1 507.8	2 010.4	2 513.0	3 015.6	6 518.2	4 020.8	4 523.4
			拉侧	4 536	453.6	907.2	1 360.8	1 814.4	2 268.0	2 721.6	3 175.2	3 628.8	4 082.4
100	25	复动	压侧	7 853	785.3	1 570.6	2 355.9	3 141.2	3 926.5	4 711.8	5 497.1	6 282.4	7 067.7
			拉侧	7 362	736.2	1472.4	2 208.6	2 944.8	3 681.0	4 417.2	5 153.4	5 889.6	6 625.8
125	32	复动	压侧	12 272	1 227.2	2 454.4	3 681.6	4 908.8	6 136.0	7 363.2	8 590.4	9 817.6	11 044.8
			拉侧	11 468	1 146.8	2 293.6	3 440.4	4 587.2	5 734.0	6 880.8	8 027.6	9 174.4	10 321.2
160	40	复动	压侧	20 106	2 010.6	4 021.2	6 031.8	8 042.4	10 053.0	12 063.6	14 074.2	16 084.8	18 095.4
			拉侧	18 849	1 884.9	3 769.8	5 654.7	7 539.6	9 424.5	11 309.6	13 194.3	15 079.2	16 964.1
200	40	复动	压侧	31 416	3 141.6	6 283.2	9 424.8	12 566.4	15 708.0	18 849.6	21 991.2	25 132.8	28 274.4
			拉侧	30 159	3 015.9	6 031.8	9 047.7	12 063.6	15 079.5	18 095.4	21 111.3	24 127.2	27 143.1
250	50	复动	压侧	49 087	4 908.7	9 817.4	14 726.1	19 634.8	24 543.5	29 452.2	34 360.9	39 269.6	44 178.3
			拉侧	47 124	4 712.4	9 424.8	14 137.2	18 849.6	23 562.0	28 274.4	32 986.8	37 699.2	42 411.6

【实 施 案 例】

2.1.5　套筒扳手上下料工艺分析及方案制订

1. 机械手夹持工艺分析

1）机械手工作范围

本项目要求机械手完成从料仓夹取毛坯垂直物料，再依次进行数控车床、加工中心、传送带之间的取放料。

2）夹持要求

（1）夹爪取放毛坯和工件时需要避开机床刀架、卡盘，以免发生碰撞。

（2）整个过程是自动、连续动作，需要配备夹爪自动松紧装置，故考虑选用通用气缸及电磁阀完成任务。

（3）整套夹爪需要连接到六关节机器人法兰上。

2. 夹持方案

1）夹爪样式

由于圆棒形状比较规则，分料机构定位准确、可靠，因此可考虑使用通用夹爪从两侧进行夹持，相对的两个夹爪内侧设计成弧状或 V 形槽。圆棒料尺寸参照给定的物料尺寸，毛坯外径在各规格尺寸的基础上可上浮 8%～10%。图 2-1-13 所示为圆棒料夹爪参考案例。

2）动力元件

夹爪驱动可考虑采用单一气缸、弹簧配合，采用连杆机构同时对两个夹爪进行松紧。考虑到结构紧凑性和经济

图 2-1-13　圆棒料夹爪参考案例

性，可选用各品牌生产商的气动手指完成设计。

3）电气控制

外围气动控制阀电控系统需要对接数控车床输入/输出（input/output，I/O）点位和外部可编程逻辑控制器（programmable logic controller，PLC）完成协调控制。

2.1.6 相关计算及选型

1. 夹持力计算

由于套筒扳手毛坯在料仓中是垂直放置的，因此首先要保证垂直夹持提升时不能脱落，夹持力为正压力。

2. 夹持气缸选型

1）缸径选择

假设工业机器人夹爪夹持的工件质量为 1.5 kg，则其重力 G 约为 15 N。设夹爪夹持力为 F_N，静摩擦因数 $\mu = 0.15$（夹爪和工件均为钢材），工件垂直夹持时所需摩擦力为 F_f，$F_f = \mu F_N$，为保证夹持效果，取 F_f 为 1.2 倍的工件重力，试求夹爪所需夹持力。

$$F_f = 1.2G = 1.2 \times 15 \text{ N} = 18 \text{ N}$$

由 $F_f = \mu F_N$ 得，所需夹爪夹持力 F_N 为

$$F_N = F_f / \mu = (18/0.15) \text{ N} = 120 \text{ N}$$

2）行程要求

以夹持部位圆棒外径为 $\phi 19$ mm 为例，设计时考虑到夹爪打开后棒料与夹爪之间应留有足够的间隙，因此对气动手指的行程要求不小于 19 mm 加 2 倍的单边间隙（取 1 mm），即 21 mm。

3）气缸选择

进入亚德客官网，找到执行元件中的 HFK 系列滚柱型气动手指，如图 2-1-14 所示，下载其 PDF 文档，查询其参数是否符合要求。HFK 系列滚柱型气动手指 PDF 文档如图 2-1-15 所示。

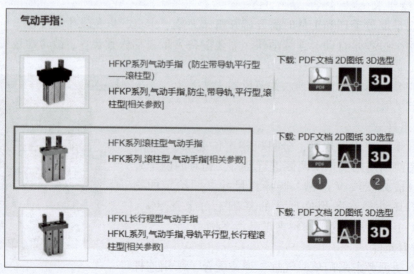

图 2-1-14 气动手指选择

夹持力与行程

动作型式		复动型(HFK)						单动常开型(HFTK)						单动常闭型(HFSK)					
缸径		10	16	20	25	32	40	10	16	20	25	32	40	10	16	20	25	32	40
单个气动手指夹持力有效值(N)	闭合夹持力	11	34	45	69	160	255	7	27	35	55	133	220	–	–	–	–	–	–
	张开夹持力	17	45	68	102	195	320	–	–	–	–	–	–	13	38	59	87	163	270
开闭行程(两侧)(mm)		4	6	10	14	22	30	4	6	10	14	22	30	4	6	10	14	22	30
重量(g)	F型	56	124	236	418	750	1340	57	125	238	420	799	1437	57	125	238	420	799	1437
	其他	56	124	236	428	729	1268	57	125	238	430	778	1365	57	125	238	430	778	1365

注1 上表中的夹持力是在工作气压为0.5MPa,夹持点L=20mm状态时的值。　另:L的具体定义请参考P306页中图示内容。

图 2-1-15　HFK 系列滚柱型气动手指 PDF 文档

通过查看 PDF 文档，选定气缸缸径为 32 mm、闭合夹持力为 160 N、张开夹持力为 195 N、开闭行程为 22 mm 的 HFK32 型气动手指。

2.1.7　气动手指 3D 模型文件获取及处理

1. 文件获取

单击图 2-1-14 所示的"3D 选型"按钮，进入气动手指选型界面，如图 2-1-16 所示。按照①～④的顺序依次选择对应命令，单击右上角"点击此处生成 CAD 模型"按钮。

如图 2-1-17 所示，单击"格式"标签进入"格式"选项卡，单击"添加格式"按钮，添加"SOLIDWORKS>=2015（3D）-Download"格式，再次单击"点击此处生成 CAD 模型"按钮，如图 2-1-18 所示，待生成结束后，在"历史记录（1）"选项卡中单击"下载"按钮获取 HFK32(CL) 气缸全套 3D 模型文件压缩包，解压后可双击打开。

中国空间站管道检测机器人的仿生变刚度设计

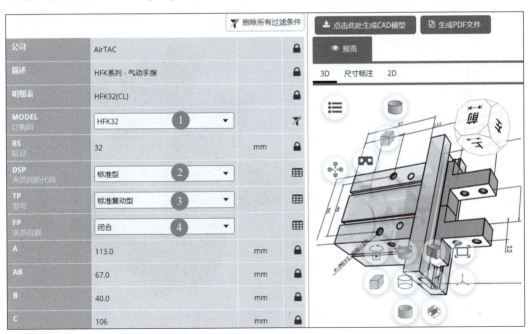

图 2-1-16　气动手指选型界面

2. 配合关系添加

打开装配体文件，可以看到特征管理设计树上共 4 个零件，如图 2-1-19 所示，其中 3 个零件为自由状态，Mates 节点下没有任何配合关系，下面分步骤添加装配关系。

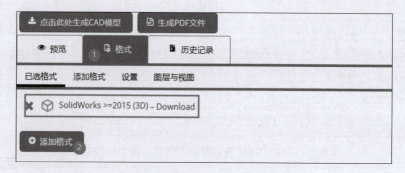

图 2-1-17　"格式"选项卡

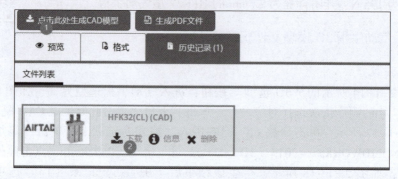

图 2-1-18　下载 3D 模型文件

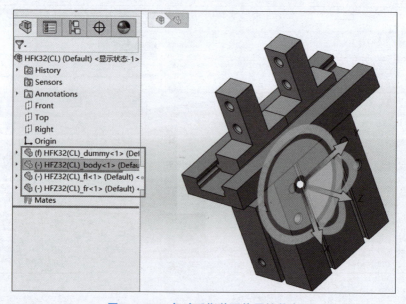

图 2-1-19　气动手指装配体原始状态

（1）先将 body（本体）零件固定。

（2）删除一侧的 fl（手指）零件。

（3）选择现存的 fl 零件侧圆弧面和 body 零件同侧凹槽圆弧面，添加的配合类型为同轴心，如图 2-1-20 所示，以类似方式添加另一侧两个圆弧面的同轴心配合。

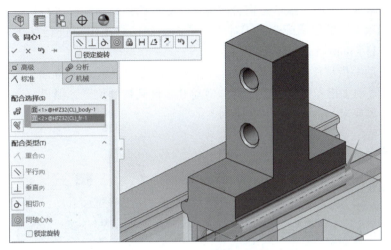

图 2-1-20　添加同轴心配合

（4）旋转 3D 模型到合适的方向，选中 body 零件和 fl 零件相邻的两个平面，切换至距离配合，在"高级"选项卡中添加距离配合，以限定气动手指相对 body 零件的平动范围。操作步骤如图 2-1-21 所示。

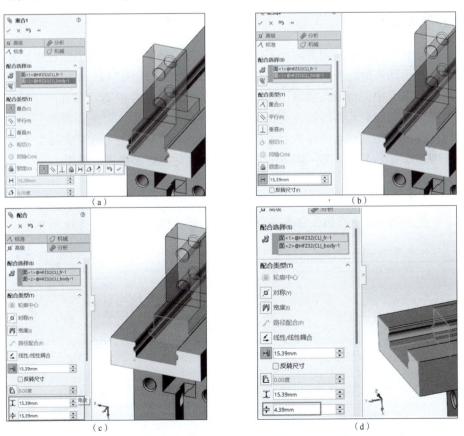

（a）　　　　　　　　　　　（b）

（c）　　　　　　　　　　　（d）

图 2-1-21　限定气动手指相对 baby 零件平动范围操作步骤

（a）选择两个平面；（b）切换至距离配合；（c）在"高级"选项卡中添加距离配合；（d）设定最小距离值

①依次选择两个平面，默认是重合配合；②立即选择距离配合进行切换；③继续切换到"高级"选项卡下的距离配合；④对两个平面之间的最小距离进行重新设定（此处设定为（15.39-11）mm＝4.39 mm）。

（5）对气动手指零件进行镜像阵列。先选择 Top 面作为镜像基准面，然后点选 f1 零件作为要镜像的气动手指零件，完成阵列；拖动 f1 零件到最外位置，测得两个面之间距离为22.02 mm，满足要求，如图 2-1-22 所示。

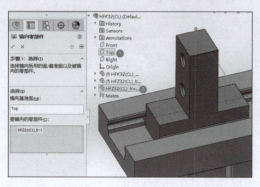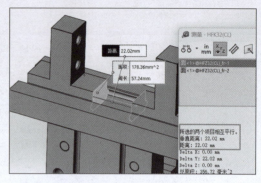

图 2-1-22　完成气动手指零件镜像阵列

【经验技巧】

（1）设计计算过程中一定要附加一定的安全系数，特别是夹持力要留有余量。

（2）添加运动零件配合关系时，先保持其下载后的"距离"尺寸关系，再直接切换到"高级"选项卡中进行最大和最小距离尺寸的添加，效率会很高。

（3）对于品牌气动元器件的种类和应用场合，要多思多看，以便合理选型。

（4）要深入研究气动元件样本手册的活塞直径、闭合夹持力、张开夹持力、开闭行程大小，连接螺钉的尺寸、样式，都要在样本手册上找到相应参数进行选用。

【任务评价】

对学生提交的气动手指装配体文件进行评价，配分权重表如表 2-1-4 所示。

表 2-1-4　配分权重表

序号	考核项目	评价标准	配分	得分
1	设计计算过程	计算过程合理、结果正确，计算错误不得分	30	
2	气缸选择及 3D 模型文件获取	选错不得分	20	
3	添加配合关系正确	每错或少一处扣 5 分	30	
4	平时表现	考勤、作业提交	20	

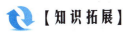

【知识拓展】

2.1.8 其他常用品牌气动元件

1. SMC

日本 SMC 有限公司是世界知名的自动控制元件综合制造商，成立于 1959 年，总部位于日本东京。其产品现有 12 000 种基本型元件、700 000 个规格，广泛应用在各个领域的自动化生产中。图 2-1-23 所示为 SMC 官网的产品信息。由于其性价比高，因此在非标自动化领域内的市场占有率较高。

图 2-1-23　SMC 官网的产品信息

SMC 的官网为 https：//www.smc.com.cn/。

2. 喜开理（CKD）

喜开理（中国）有限公司成立于 2003 年 1 月，主要业务是自动化机械、省力机械、气动元件（气缸、方向切换阀）、控制元件（流体阀）、气源处理三大件等产品的开发、设计及制造，产品性价比较高，但产品线相比 SMC 较少。图 2-1-24 所示为 CKD 的产品信息。

CKD 的官网为 https：//www.ckd.com.cn/。

3. 费斯托（FESTO）

FESTO 有限公司是著名的气动元件、组件和系统的生产商，不仅能提供气动元件、组件和预装配的子系统，下设的工程部还能为客户定制特殊的自动化解决方案。图 1-2-25 所示为 FESTO 官网的产品信息。FESTO 的产品在许多行业得到广泛应用，如汽车、电子、食品加工和包装、水处理、化工、橡胶、塑料、纺织、机床、冶金、建筑机械、轨道交通、造纸和印刷等。作为业内高端产品，FESTO 的研发重点在工业机器人和自动化方面，而 SMC 的研发重点在能源效率、集成化、网络化和智能化方面。

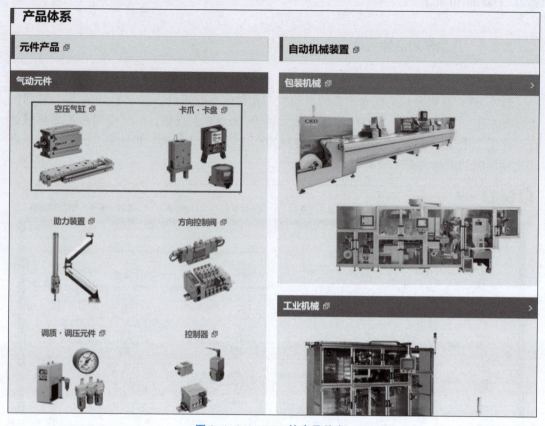

图 2-1-24　CKD 的产品信息

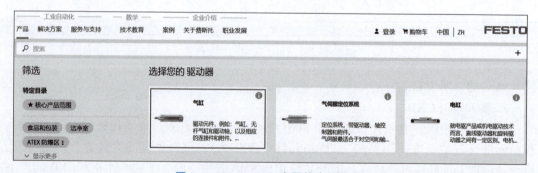

图 2-1-25　FESTO 官网的产品信息

FESTO 的官网为 https://www.festo.com.cn/cn/zh/。

蛇形机器人身形灵活 无惧核辐射！

任务 2.2　套筒扳手毛坯夹爪设计

【任务描述】

根据任务 2.1 中确定的设计方案，完成机械手夹爪设计，要求工业机器人变姿状态下夹持可靠，材料选用 Q235 钢，表面进行发黑处理。

【学习重点】

学会添加零件材料，以及国标材料库、标准件库并能够对其进行调用；掌握关联参考设计方法，能够结合零部件夹持部位特点进行夹爪设计；学会工程图尺寸标注、孔标注工具的使用和不同视图显示方式的切换。

【知识技能】

2.2.1　机械零件材料选择及添加

1. 零件材料选择的原则

合理地选择和使用材料是一项十分重要的工作，不仅要求材料的性能能够适应零件的工作条件，使零件经久耐用，而且还要求材料有较好的加工工艺性能和经济性，以便提高机械零件的生产率、降低成本等。材料选用的一般原则包括使用性能原则、工艺性能原则、经济性原则。

（1）使用性能原则是指材料所能提供的使用性能指标对零件功能和寿命的满足程度。零件在正常工作条件下，应完成设计规定的功能并达到预期的使用寿命。当材料的使用性能不能满足零件工作条件的要求时，零件就会失效，因此，材料的使用性能是选材的首要条件。

（2）工艺性能原则是指所选用的工程材料能保证顺利地加工成合格的机械零件。不同的材料对应不同的加工工艺，材料工艺性能的好坏，在零件加工的难易程度、生产率、生产成本等方面起着决定性作用。

（3）经济性原则是指所选用的材料加工成零件后，应使零件生产和使用的总成本最低，经济效益最好。经济性原则主要涉及原材料费用、零件加工费用、零件成品率、材料利用率、材料回收率、零件寿命，以及材料供应与管理费用等。

2. 零件属性添加

一个项目 3D 设计完成后，一般需要在总装图纸中添加材料清单，使材料清单表格显示零件或者装配体的名称、代号、备注等属性，以便采购部门进行外协件和原材料的准备。这就需要先在零件的属性中添加相关信息，下面给其添加步骤（装配体相关信息添加的步骤类似）。

（1）零件代号、名称、类别等信息的添加。

打开零件，选择"文件"→"属性"命令，在弹出的"属性"对话框中填入零件的名称、代号等信息，如图 2-2-1 所示。

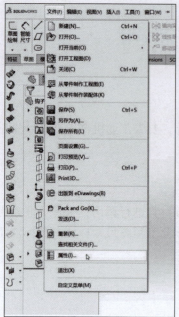
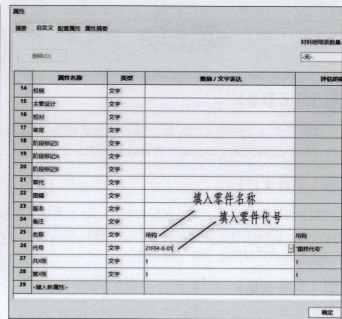

图 2-2-1　零件属性信息的添加

（2）零件材料的添加。

在单个零件的特征管理设计树上，右击"材料"节点，在弹出的快捷菜单中选择"编辑材料"命令，在系统弹出的"材料"对话框中选择所需的材料命令，单击"应用"按钮完成，如图 2-2-2 所示。

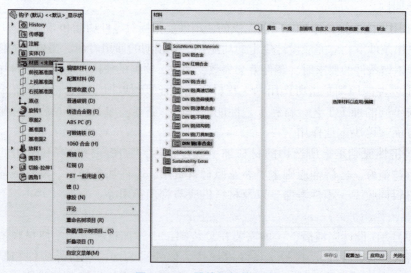

图 2-2-2　零件材料的添加

（3）材料库添加。

若 SOLIDWORKS 软件自带的材料不够齐全，可自行添加材料库，单击"选项"按钮，系统弹出"系统选项（S）-普通"对话框，在左侧的列表中选择"文件位置"命令，在"显示下项的文件夹"下拉列表框中选择"材料数据库"命令，单击右侧的"添加"按钮进行添加，系统弹出"SolidWorks 零件库"对话框，这里选择"GB 材料 . sldmat"文件完成添加，如图 2-2-3~图 2-2-7 所示。

图 2-2-3　单击"选项"按钮

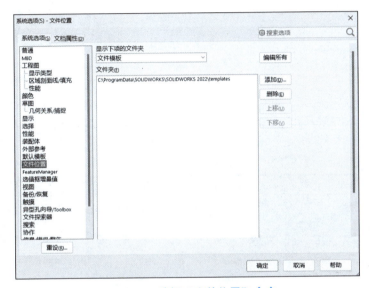

图 2-2-4　选择"文件位置"命令

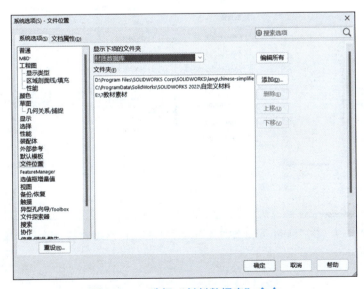

图 2-2-5　选择"材料数据库"命令

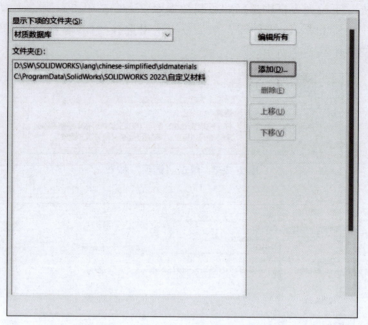

图 2-2-6 单击"添加"按钮

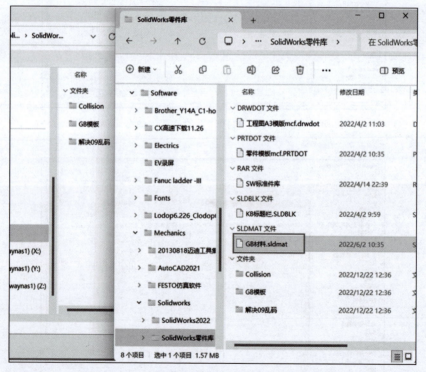

图 2-2-7 在"Solidworks 零件库"对话框中选择"GB 材料 . sldmat"文件

【实施案例】

2.2.2 夹爪详细设计

（1）建立一侧套筒扳手的套筒基体，根据圆棒料尺寸绘制草图，如图 2-2-8 所示。

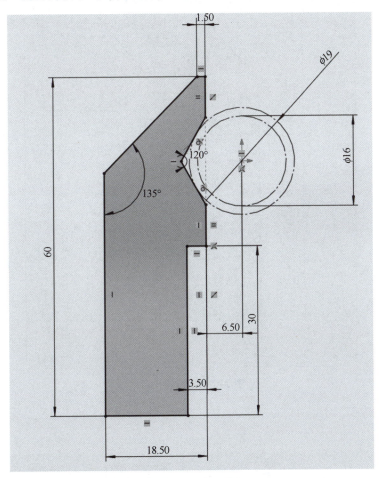

图 2-2-8 草图绘制

（2）选择"特征"→"拉伸凸台/基体"命令，进行拉伸凸台操作，如图 2-2-9 所示。

（3）草图绘制点位（根据选型后的气动手指连接孔位确定，见图 2-2-10），完成打孔，如图 2-2-11 所示。

（4）在夹爪的反面创建草图，并标注尺寸，如图 2-2-12 所示。

（5）进行拉伸切除，切除 9.00 mm，如图 2-2-13 所示。

（6）进行倒圆角，半径为 1.00 mm，如图 2-2-14 所示。

夹爪设计

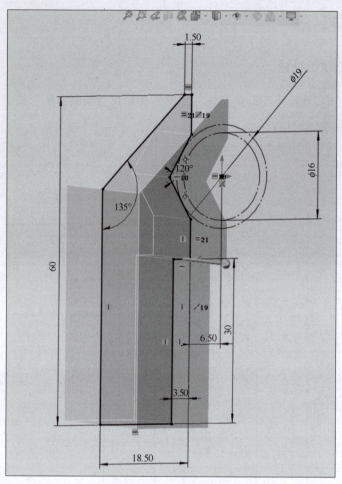

图 2-2-9　拉伸凸台

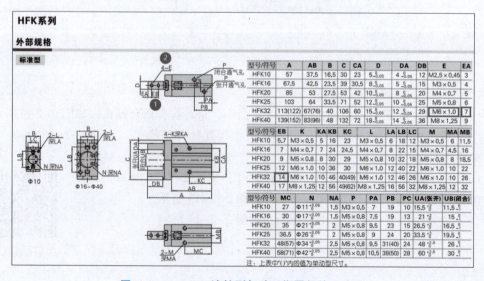

图 2-2-10　HFK 滚柱型气动手指零部件尺寸图

型号/符号	A	AB	B	C	CA	D	DA	DB	E	EA
HFK10	57	37.5	16.5	30	23	$5_{-0.05}^{0}$	$4_{-0.05}^{0}$	12	M2.5×0.45	3
HFK16	67.5	42.5	23.5	39	30.5	$8_{-0.05}^{0}$	$6_{-0.05}^{0}$	15	M3×0.5	4
HFK20	85	53	27.5	53	42	$10_{-0.05}^{0}$	$8_{-0.05}^{0}$	20	M4×0.7	5
HFK25	103	64	33.5	71	52	$12_{-0.05}^{0}$	$10_{-0.05}^{0}$	25	M5×0.8	6
HFK32	113(122)	67(76)	40	106	60	$15_{-0.05}^{0}$	$12_{-0.05}^{0}$	29	M6×1.0	7
HFK40	139(152)	83(96)	48	132	72	$18_{-0.05}^{0}$	$14_{-0.05}^{0}$	36	M8×1.25	9

型号/符号	EB	K	KA	KB	KC	L	LA	LB	LC	M	MA	MB
HFK10	5.7	M3×0.5	5	16	23	M3×0.5	6	18	12	M3×0.5	6	11.5
HFK16	7	M4×0.7	7	24	24.5	M4×0.7	8	22	15	M4×0.7	4.5	16
HFK20	9	M5×0.8	8	30	29	M5×0.8	10	32	18	M5×0.8	8	18.5
HFK25	12	M6×1.0	10	36	30	M6×1.0	12	40	22	M6×1.0	10	23
HFK32	14	M6×1.0	10	46	40(49)	M6×1.0	12	46	26	M6×1.0	10	26
HFK40	17	M8×1.25	12	56	49(62)	M8×1.25	16	56	32	M8×1.25	12	32

型号/符号	MC	N	NA	P	PA	PB	PC	UA(张开)	UB(闭合)
HFK10	27	$Φ11_{0}^{+0.05}$	1.5	M3×0.5	7	19	10	$15.5_{-0.8}^{0}$	$11.5_{-0.9}^{0}$
HFK16	30	$Φ17_{0}^{+0.05}$	1.5	M5×0.8	7.5	19	13	$21_{-0.8}^{0}$	$15_{-0.9}^{0}$
HFK20	35	$Φ21_{0}^{+0.05}$	2	M5×0.8	9.5	23	15	$26.5_{-0.8}^{0}$	$16.5_{-0.9}^{0}$
HFK25	36.5	$Φ26_{0}^{+0.05}$	2	M5×0.8	9	24	20	$33.5_{-0.8}^{0}$	$19.5_{-0.9}^{0}$
HFK32	48(57)	$Φ34_{0}^{+0.06}$	2.5	M5×0.8	9	31(40)	24	$48_{-0.8}^{0}$	$26_{-0.9}^{0}$
HFK40	58(71)	$Φ42_{0}^{+0.05}$	2.5	M5×0.8	10.5	38(50)	28	$60_{-0.8}^{0}$	$30_{-0.9}^{0}$

注：上表中'( )'内的值为单动型尺寸。

HFK系列

外部规格

标准型

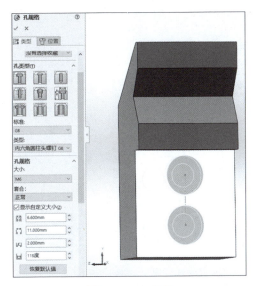

图 2-2-11　打孔

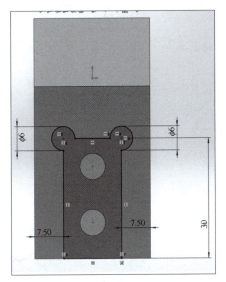

图 2-2-12　在夹爪的反面创建草图，并标注尺寸

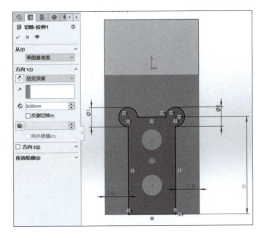

图 2-2-13　拉伸切除

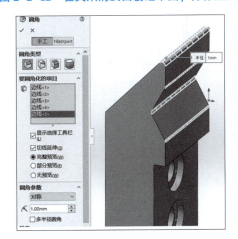

图 2-2-14　倒圆角

2.2.3　夹爪工程图

夹爪设计验证

（1）新建工程图，选择合适的图纸，如图 2-2-15 所示。

（2）选择"工程图"→"模型视图"命令，浏览文件选择目标装配体，如图 2-2-16 所示。

（3）选择所需的工程图视图，单击将其旋转到合适的图纸区域，并调整至合适的比例，如图 2-2-17 所示。

（4）选择"注解"→"中心线"命令，然后单击视图的两侧边线添加中心线，如图 2-2-18 所示。

（5）单击草图，然后选择"注解"→"智能尺寸标注"命令，进行尺寸标注，如图 2-2-19 所示。

（6）单击所需标注线段的两端点或者线段进行尺寸标注，如图 2-2-20 所示。

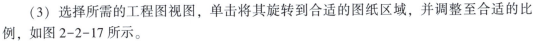

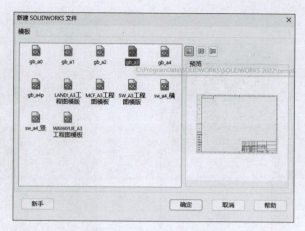

图 2-2-15　新建工程图

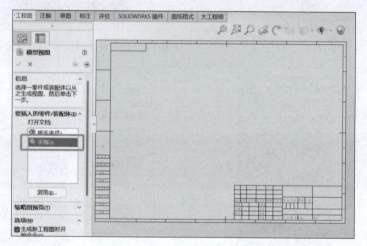

图 2-2-16　选择目标装配体

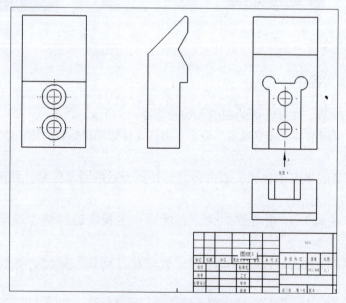

图 2-2-17　放置工程图视图

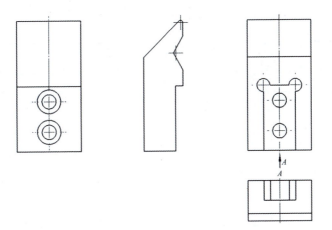

图 2-2-18　添加中心线

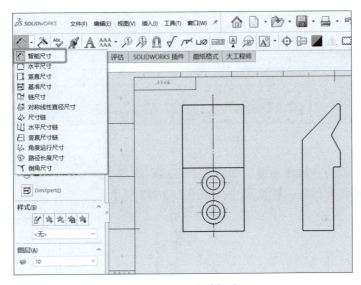

图 2-2-19　尺寸标注

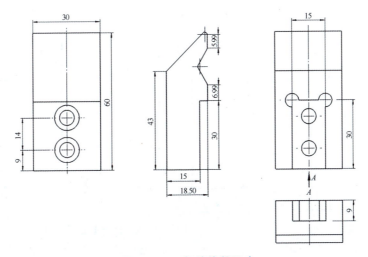

图 2-2-20　标注线段尺寸

（7）单击孔，标注孔尺寸，如图2-2-21所示。

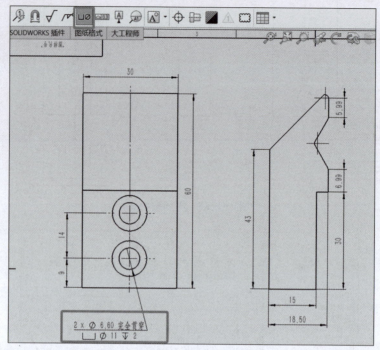

图2-2-21　标注孔尺寸

（8）单击两斜边，标注角度，如图2-2-22所示。

（9）单击圆角和圆弧，标注尺寸，如图2-2-23所示。

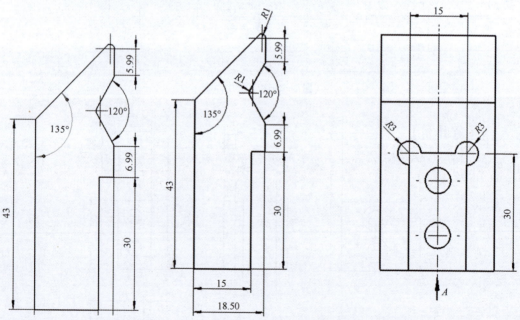

图2-2-22　标注斜边角度　　　　　　　图2-2-23　标注圆角和圆弧尺寸

（10）给等轴侧视角上色，如图 2-2-24 所示。

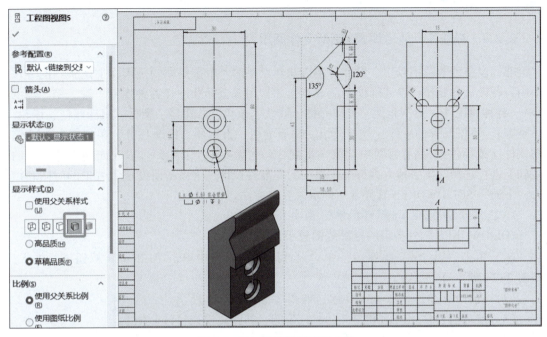

图 2-2-24　给等轴侧视角上色

【经验技巧】

（1）国标材料库、标准件库可在互联网搜索获取资源后添加。

（2）夹爪设计时应考虑毛坯和加工完成后的外径尺寸，设计的夹爪和行程必须同时满足要求。

（3）工业机器人工装特别是随机械手运动的工装零部件材料选择时，还应该在满足强度的要求下，尽量选用轻质材料，如能用铝合金就不用钢材，能用塑料就不用铝材，但也必须综合考虑材料成本和加工成本。

【任务评价】

对学生提交的零件文件和工程图文件进行评价，配分权重表如表 2-2-1。

表 2-2-1　配分权重表

序号	考核项目	评价标准	配分	得分
1	夹爪结构合理性	每错一处扣 4 分	40	
2	工程图规范性	视图表达不合理扣 10 分，尺寸及技术要求每错一处扣 2 分	40	
3	平时表现	考勤、作业提交	20	

【知识拓展】

2.2.4　标准件、通用件 3D 模型文件调用

非标设备涉及范围较广，设计与制造非标设备的一个重要原则是市面上能买到的零件不用自行设计和制作，以期降低制造成本，如常用五金标准件（各种螺钉、键、销、轴承等）、各种通用件（液压元件、气动元件、线轨、电机、减速器、型材、滚珠丝杠、齿轮、齿条等）。不同品牌的组件（线性模组、伺服电机、直振器、振动盘等）可以在其专业辅助软件（或插件）、品牌官网中获取丰富的 3D 模型文件，工程师可以在先期设计计算的基础上进行选型并集中精力进行工艺相关的零部件设计，为设备研发节省大量的时间和精力，下面是 SOLIDWORKS 软件常用的资源获取方法。

1. 从 SOLIDWORKS 软件自带的 Toolbox 添加

SOLIDWORKS 软件自带的资源范围较小，品类较少。

（1）单击"设计库" 🔘 按钮，在"设计库"选项卡中单击 Toolbox 🔧 按钮进行插入，如图 2-2-25（a）所示。

（2）选择相应的标准，如 GB ▣，如图 2-2-25（b）所示。

（3）选择需要使用的标准件，以螺钉为例，如图 2-2-25（c）所示。

（4）选择具体类型，以机械螺钉为例，如图 2-2-25（d）所示。

（5）选择具体型号，以十字切槽扁圆头螺钉为例，如图 2-2-25（e）所示。

（6）将标准件拖动到需要安装的位置并更改螺纹参数，如果有多个位置需要安装该标准件，则单击"确定" ✔ 按钮后依次选择安装的位置。

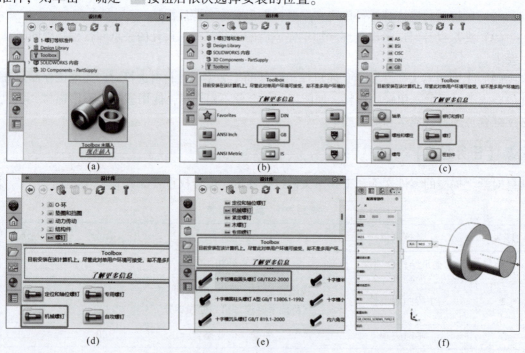

图 2-2-25　螺钉调用

（a）单击 Toolbox 进行插入；（b）GB；（c）螺钉；（d）机械螺钉；（e）十字切槽扁圆头螺钉；（f）参数设定

（7）零件安装完成后在属性管理器下单击"确定"按钮完成标准件的安装。

2. 大工程师软件

大工程师软件致力于打造装备制造业的"数字供应链"，实现企业设计的标准化、通用化、系列化、平台化。

1）大工程师软件常用功能

（1）![通用件]（通用件）：各种通用件的模型下载，包括气动元件、液压元件、减速器等。

（2）![标准件]（标准件）：各种标准件的模型下载，包括轴承、法兰、型材等。

（3）![设计工具]（设计工具）：运行在 SOLIDWORKS 软件内的插件下载。

（4）![大攻城狮]（大攻城狮）：软件论坛，可向其他用户发出提问或者对相关问题进行解答。

（5）![开放资源]（开放资源）分为以下几类。

① 标准资源：包括机械工业部标准、化学工业部标准、煤炭工业部标准等。

② 设计资料：包括常用基础资料、常用公式计算、常用钢材基本性质等。

③ 技术手册：包括化工机械手册、常用电工计算手册、CAD 制图标准等。

④ 视频资源：包括装备工作原理、工业仿真模拟、企业装备宣传。

2）将大工程师软件导入 SOLIDWORKS 软件

（1）通过大工程师官网下载软件并注册（大工程师官网：https：//www.dagongchengshi.com）。

（2）单击"设置"![设置]按钮。

（3）单击"安装 SOLIDWORKS 插件"![安装SOLIDWORKS插件]按钮。

（4）单击"设计工具"![设计工具]按钮。

（5）选择需要使用的插件并单击"在线安装"![在线安装]按钮进行在线安装。

（6）打开 SOLIDWORKS 软件，单击"大工程师"标签进入"大工程师"选项卡。

（7）选择已下载插件进行使用，如图 2-2-26 所示。

（8）单击"更多工具"按钮自动跳转至设计工具下载页面。

图 2-2-26　大工程师插件

3. 米思米

米思米公司自 1963 年于日本成立以来，一直坚持向客户快速、准确地提供工厂自动化用零件、模具零件、电子部件、工具、消耗品等各种高质量的零件，产品类型相对丰富、齐全，可以免费注册使用。米思米官网为 www.misumi.com.cn。

下面以获取模数为 1.0 的直齿轮 3D 模型文件为例，介绍其使用方法。

（1）访问米思米官网，在搜索栏中输入"齿轮"，如图 2-2-27 所示。

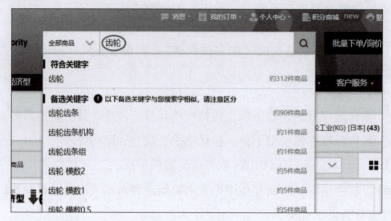

图 2-2-27　搜索齿轮

米思米齿轮3D获取

（2）选择搜索结果的第三种进入直齿轮相关页面，如图 2-2-28 所示。

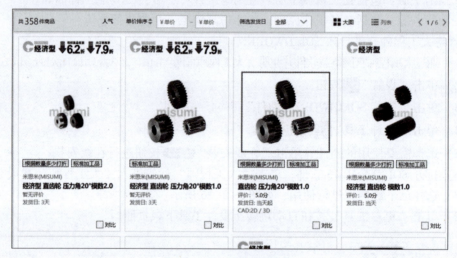

图 2-2-28　搜索结果页面

（3）双击后进入选型页面，在"型号/交期"选项卡中的"型号"列表中选择"GEAB1. 0-19-10-B-6.35"命令，如图 2-2-29 所示。

规格表	型号/交期	3D预览	产品目录	inCAD Library	

型号	数量折扣	一般发货日	RoHS	轴孔径(φ)	形状	齿数(齿)	模数	齿宽B(mm)	材质	表面处理
GEAB1.0-19-8-B-[6-10/1]		3天	10	6~10	B型	19	1	8	普通钢材	无
GEAB1.0-19-10-B-6.35		3天	10	6.35	B型	19	1	10	普通钢材	无
GEAB1.0-19-10-B-[6-10/1]		3天	10	6~10	B型	19	1	10	普通钢材	无
GEAB1.0-19-12-6.35		3天	10	6.35	-	19~96	1	12	普通钢材	无

图 2-2-29　选型页面

（4）在"3D 预览"选项卡中可看到生成的 3D 模型，在右侧可以追加加工命令，之后单击上方的"CAD 下载（含 2D/3D）"按钮，按照提示就可以获取直齿轮 3D 模型文件，如图 2-2-30 所示。

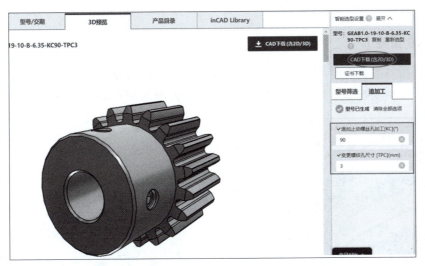

图 2-2-30   直齿轮 3D 模型文件的生成与下载

4. 添加自己的标准件库

（1）单击"设计库" 按钮，在"设计库"选项卡中单击"添加文件位置"按钮。

（2）找到"SW 标准件库"的路径，选择标准件库并单击"确定"按钮，如图 2-2-31 所示。

（3）标准件库添加完成后，可从设计库中调取标准件使用，如图 2-2-32 所示。

惠企在身边：让"国产机器人"丝滑出海

图 2-2-31   添加标准库

图 2-2-32   设计库调用

可从互联网搜索中获取 SOLIDWORKS 软件标准件库。

任务 2.3　　连接块设计

【任务描述】

气动手指与工业机器人第六轴法兰之间需要设计专门的连接块，如图 2-3-1 所示。本任务是在任务 2.2 的基础上完成此连接块的设计，连接块如图 2-3-2 所示。

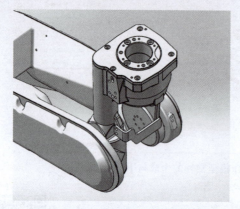

图 2-3-1　工业机器人第六轴法兰

图 2-3-2　连接块

【学习重点】

掌握装配体环境下的关联参考设计方法；结合气动手指和工业机器人第六轴连接法兰 3D 模型文件进行连接块的设计和外部文件的存储；学会工程图视图旋转设置方法和零件属性查询。

【知识技能】

2.3.1　工业机器人第六轴法兰结构尺寸

从安川 AR1440 型六关节机器人尺寸说明书上找到第六轴法兰 View A（A 向）视图，如图 2-3-3 所示，可以看到共有均布在直径 $\phi56$ mm 圆上的 8 个 M4 螺纹孔（深度为 8 mm）和一个深度为 6 mm 直径 $\phi4$ mm 的定位销孔。因此，气动手指与第六轴法兰连接至少需要在气动手指基座上设计相应的 8 个螺钉间隙孔，并选配 8 个 M4 的螺钉。

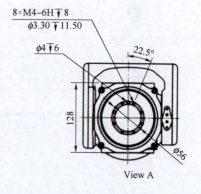

图 2-3-3　安川 AR1440 型六关节机器人第六轴法兰 View A（A 向）视图

2.3.2　自上而下和自下而上设计

自上而下设计是一种先确定整个产品的布局再按顺

序设计每个零件的方法。它不是一种新的设计方法，而是一种常用的设计方法。例如，在鼠标的设计中，一般不会先详细设计中间的滚轮等零件，而是先确定整体尺寸、按键数量、电池大小等内容。

相对于自上而下设计，还有一种自下而上的设计方法。自下而上设计是先单独设计每个零件再将其装配为成品的设计方法。自上而下和自下而上设计方法的选择，取决于项目设计的主题。在机械设计中，很少有产品可以应用自下而上的设计方法。

2.3.3 关联参考设计

关联参考设计是自上而下设计的纽带，通过关联参考才能把信息传递下去，所以要了解自上而下设计，必须先理解关联参考。下面通过在装配体中创建新零件的方法创建一个关联的零件，解释什么是关联参考。

根据已知的盒体尺寸，在其上部创建一个顶盖模型，当盒体发生变化时，顶盖应随之变化，如图2-3-4所示。

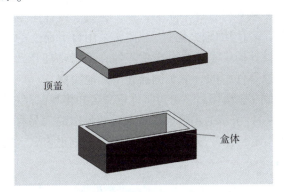

图2-3-4　盒体与顶盖

（1）插入新零件。选择"装配体"→"插入零部件"→"新零件"命令，如图2-3-5所示。

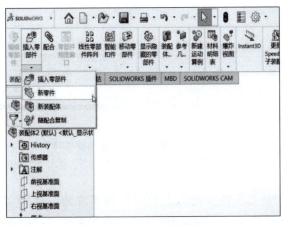

关联参考设计

图2-3-5　插入新零件

（2）单击零件，将其固定在装配体中，此零件的坐标系及原点与盒体装配体完全一致。新插入的零件为"零件4^装配体2"，如图2-3-6所示。此时零件为虚拟零件，虚拟零件保存在装配体文件内部，而不是保存在单独的零件文件或子装配体文件中。

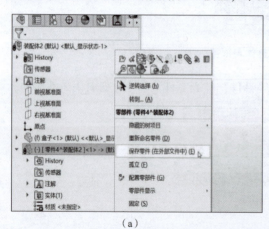

图 2-3-6 虚拟零件

注意：虚拟零件在关联参考设计中尤为重要。在概念设计阶段，如果需要频繁试验和更改装配体结构和零件，应使用虚拟零件。相比于采用自下而上的设计方法，其具有以下优点：①可在特征管理设计树中重新命名虚拟零件，不需要打开、另存备份文档和使用替换零件命令；②可使虚拟零件中的一个实例独立于其他实例。

（3）确定方案或生成完整模型后，可对零件重命名并将其保存在外部文件中，本节中为"顶盖"，按照图 2-3-7（a）所示的步骤操作。在系统弹出的"另存为"对话框中单击"与装配体相同"按钮或"指定路径"按钮，单击"确定"按钮完成，如图 2-3-7（b）所示。

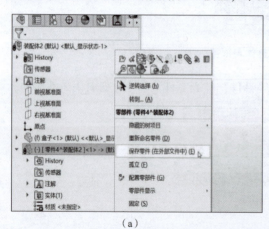
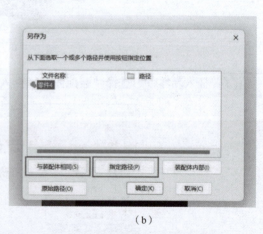

（a）   （b）

图 2-3-7 将零件保存在外部文件中

（a）右击零件节点选择"保存零件（在外部文件中）"命令；（b）外部保存文件路径设置

（4）进入零件编辑状态，选择盒体上表面作为基准面，选择"草图"→"中心矩形"命令，参照边线添加尺寸约束，并将草图拉伸 10 mm，如图 2-3-8 所示。

（5）完成顶盖模型创建，退出零件编辑状态后，顶盖零件及关联特征后面出现了"->"符号，此符号表示带有外部参考，在该特征节点上右击，选择"外部参考"命令可查看外部参考。

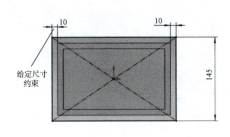

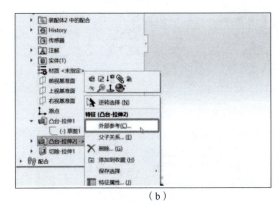

（a） （b）

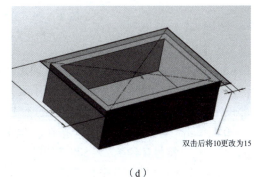

（c） （d）

图 2-3-8　关联参考设计更改

（a）通过参照边线建立尺寸关联；（b）通过外部参考查看关联；（c）关联状态；（d）更改关联尺寸

（6）双击顶盖草图，将其定位尺寸 10 更改为 15，测量得到其与上盖相对的边尺寸也为 15，即上盖零件的尺寸由此装配体中其他零件（顶盖）的尺寸驱动变化。

（7）右击具有外部参考的特征"凸台-拉伸 2"节点（带有"->"符号），选择"外部参考"命令，在"外部参考"对话框左下角有"全部锁定"及"全部断开"按钮，用于修改和控制关联零件和外部参考文件之间的关系，如图 2-3-9 所示。

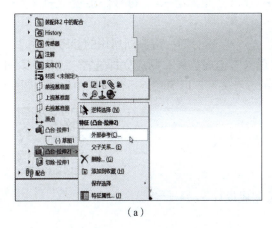

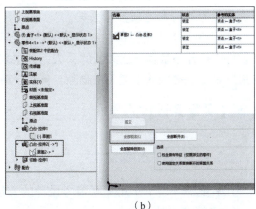

（a） （b）

图 2-3-9　关联参考操作

（a）关联查看；（b）关联状态

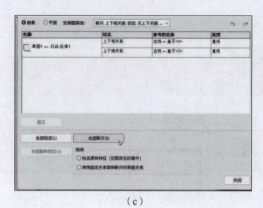
（c）

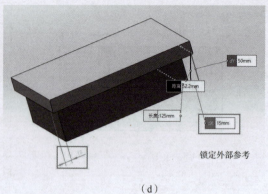
锁定外部参考
（d）

图 2-3-9　关联参考操作（续）

（c）断开关联；（d）设计更改

（8）单击"全部锁定"按钮即可锁定或者冻结外部参考，草图 2 中的"->"符号变为"->*"符号，此时将顶盖宽度尺寸改为 10，盒体的对应边线尺寸仍为 15。因此使用全部锁定操作可以暂时锁定当前模型的参考关系。

（9）单击"全部解除锁定"按钮，顶盖边线立即还原成水平仪匹配大小 10，草图 2 后的"->*"符号还原为"->"符号。

注意：① 全部锁定操作是可逆的。

② 如果不再需要参考关系，则可单击"全部断开"按钮并单击"确定"按钮，将参考关系断开。

③ 一旦单击"全部断开"按钮，将无法再次激活参考，该操作是不可逆转的，因此进行此步操作时一定要谨慎。当在装配体中对某个零件进行操作时，如果需要独立修改而不影响其他零件，可以断开该零件的关联关系，以免发生关联混乱。

④ 单独打开顶盖零件，然后将水平仪装配体模型关闭，可发现关联的草图及特征后的"->"符号变为了"->?"符号，此符号表明找不到外部参考，因为所参考引用的外部实体已经关闭。重新打开装配体，"->?"符号将会变为"->"符号。出现"->?"符号表示没有打开参考或参考丢失。

⑤ 当发现参考的零部件或者草图后面出现"->?"符号时，应判断所用的参考是暂时没在软件中打开还是真正意义上的丢失，如果发现参考彻底丢失，则应立即选择"删除/添加约束"命令将丢失的参考关系删除，再赋予新的参考关系，以免在以后的关联中出现问题。

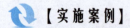【实施案例】

2.3.4　连接块详细设计

在装配体环境下采用关联参考设计的方法完成设计。

1. 连接块设计

（1）在前期装配体基础上，插入安川 MA1440/AR1440 型六关节机器人第六轴法兰，添加同轴心配合，如图 2-3-10 所示。

单爪连接块设计

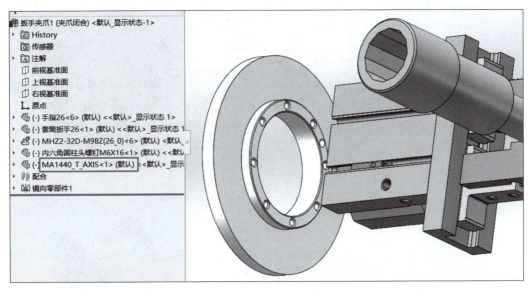

图 2-3-10　插入安川 MA1440/AR1440 型六关节机器人第六轴法兰

（2）选择"装配体"→"插入零部件"→"新零件"命令，按照提示选择零件模板，给定零件名称为"连接块"，此时可以看到鼠标箭头右下角带一个绿色"√"标记，按照提示选择草图平面，单击第六轴法兰端面，开始设计连接块，如图 2-3-11 所示。

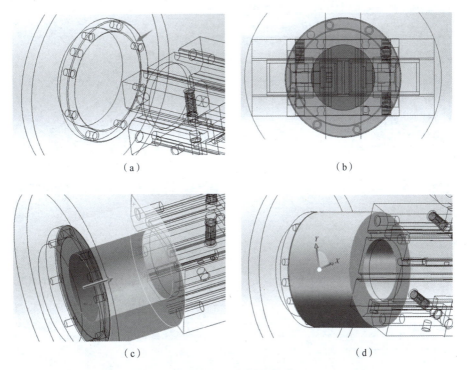

（a）

（b）

（c）

（d）

图 2-3-11　连接块设计

（a）选择新零件草图平面；（b）草图绘制；（c）拉伸到面；（d）生成实体

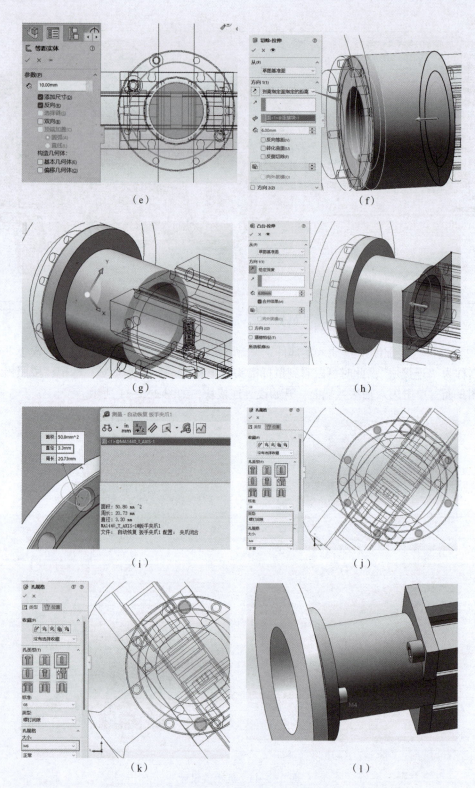

图 2-3-11　连接块设计（续）

（e）拉伸切除草图；（f）设定深度；（g）选择平面；（h）草图拉伸；（i）测量孔径；

（j）法兰侧连接孔；（k）气动手指连接孔；（l）插入螺钉（有干涉）

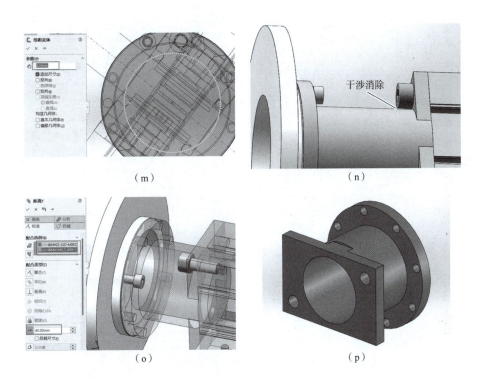

图 2-3-11　连接块设计（续）

（m）更改尺寸；（n）无干涉；（o）测量间距（螺钉可插入）；（p）完成结果

2. 单爪机械手设计

将前面设计的夹爪、连接块和选好的气动手指 3D 模型文件装配到一起，完成单爪机械手设计。完成后的单爪机械手 3D 模型如图 2-3-12 所示。

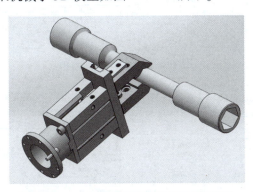

图 2-3-12　完成后的单爪机械手 3D 模型

单爪连接块工程图

3. 连接块工程图

（1）在"视图调色板"选项卡下选择合适视图，如图 2-3-13、图 2-3-14 所示。

（2）选中边线，选择"工程图"→"辅助视图"命令，如图 2-3-15 所示。

（3）将视图旋转，操作步骤如图 2-3-16 所示。

（4）完成尺寸标注并检查是否遗漏尺寸，标注完成的结果如图 2-3-17 所示。

图 2-3-13　视图调色板

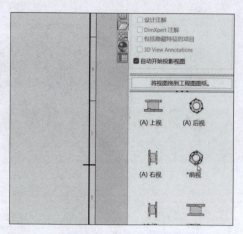

图 2-3-14　视图列表

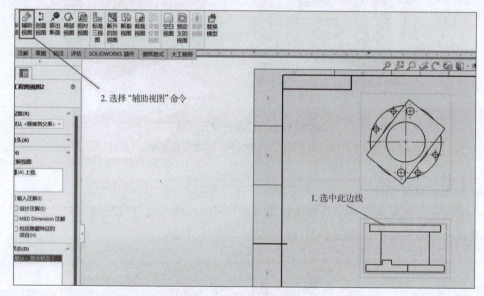

图 2-3-15　辅助视图添加

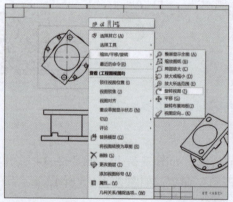

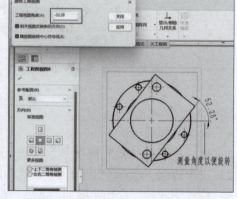

图 2-3-16　旋转视图

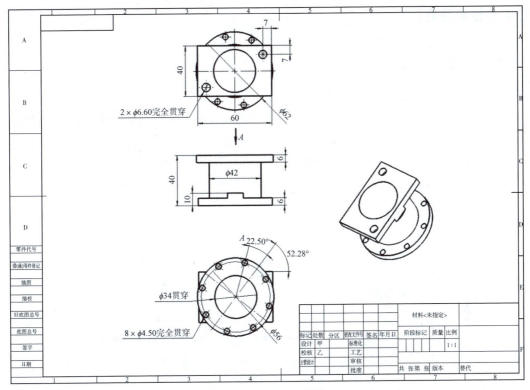

图 2-3-17　连接块工程图

【经验技巧】

（1）关联参考设计时，一定要对关联参考设计的前后顺序非常清楚，否则出错后不易查找。

（2）在特征管理设计树中，只要有关联参考设计的零部件，就会有"->"符号出现，可以单击该符号进一步查看草图内的关联对象，当出现错误或警告时，也可以单击该符号进行修改。

【任务评价】

对学生提交的零件文件和工程图文件进行评价，配分权重表如表 2-3-1 所示。

表 2-3-1　配分权重表

序号	考核项目	评价标准	配分	得分
1	连接块结构合理性	每错一处扣 4 分	40	
2	工程图规范性	视图表达不合理扣 10 分，尺寸及技术要求每错一处扣 2 分	40	
3	平时表现	考勤、作业提交	20	

【知识拓展】

2.3.5　属性查询

1. SOLIDWORKS 软件质量属性

质量属性包含了模型质量的测算、质心的评估以及覆盖质量属性等重要功能，同时可以测出物体的密度、体积以及表面积等数据。下面新建零件进行查询。

（1）打开 SOLIDWORKS 软件，新建零件文件，如图 2-3-18 所示。

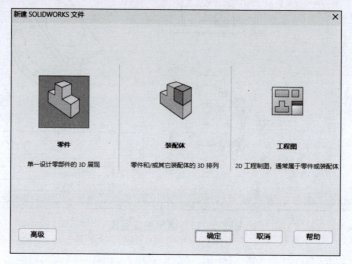

图 2-3-18　新建零件文件

（2）选择"拉伸凸台/基体"命令，创建一个 100 mm×100 mm×100 mm 的正方体作为演示，如图 2-3-19 所示。

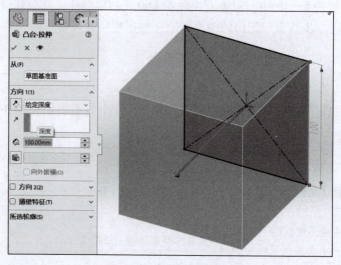

图 2-3-19　创建正方体

（3）单击"评估"标签进入"评估"选项卡，如图 2-3-20 所示。

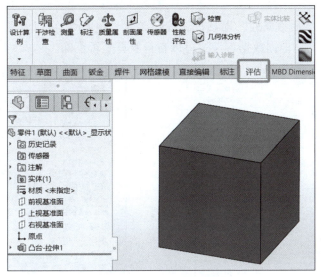

图 2-3-20 "评估"选项卡

（4）单击"质量属性"按钮，如图 2-3-21 所示。

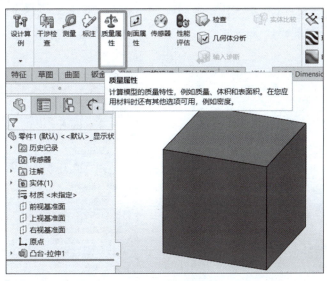

图 2-3-21 单击"质量属性"按钮

质量属性

（5）系统弹出"质量属性"对话框，如图 2-3-22 所示。

① 密度：默认的密度是 0 kg/mm^3。

② 体积：100 mm×100 mm×100 mm = 1 000 000 mm^3。

③ 选项：单击"选项"按钮可以更改密度。软件默认的密度为零，表示质量没有意义。

（6）单击"选项"按钮后，系统弹出图 2-3-23 所示的"质量/剖面属性选项"对话框，可以看到默认选中"使用文档设定"单选按钮，此时长度、密度等不可更改。选中

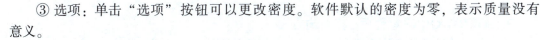

"使用自定义设定"单选按钮，如图 2-3-24 所示，可更改密度，单击"确定"按钮完成修改。

（7）系统返回"质量属性"对话框，如图 2-3-25 所示。可以看到体积没变，但是密度与质量发生了改变。根据数据参考，可以自行验算是否正确。

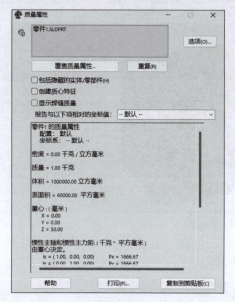

图 2-3-22　"质量属性"对话框

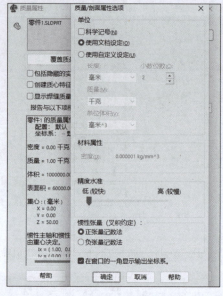

图 2-3-23　"质量/剖面属性选项"对话框

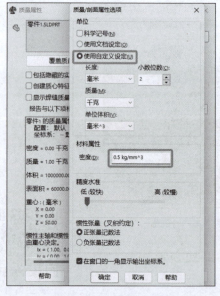

图 2-3-24　自定义密度

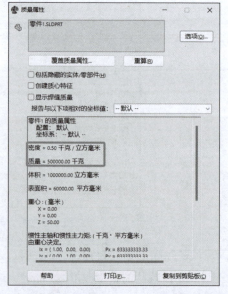

图 2-3-25　设置密度后的"质量属性"对话框

2. SOLIDWORKS 软件质心点查询方式

质心是指物质系统上认为质量集中于此的一个假想点。重心是指物体的重力中心。重心和质心一般情况下是重合的。

（1）选择"特征"→"参考几何体"→"质心"命令，如图 2-3-26 所示。

【城市教室】
创新产品要
及时申请专利

图 2-3-26　选择"特征"→"参考几何体"→"质心"命令

（2）质心被添加到特征管理设计树和零件中，如图 2-3-27 所示。

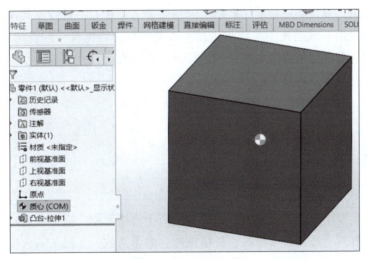

图 2-3-27　质心添加完成

（3）要查看质心的具体位置，可以选择"评估"→"质量属性"命令，在系统弹出的"质量属性"对话框即可查看质心（重心）坐标。

任务2.4　双夹爪机械手创新设计

【任务描述】

为了缩短上下料时间，提高物料周转效率，需要机械手一次夹持两个毛坯。双夹爪机械手如图 2-4-1 所示，请在任务 2.3 的基础上进行创新设计，最后形成报价单。

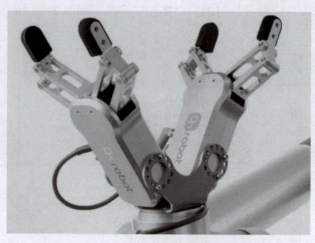

图 2-4-1　双夹爪机械手

【学习重点】

学会参考双夹爪机械手案例，继续利用装配体环境下的关联参考设计方法进行零部件和整体结构设计；学会不同剖视图、辅助视图的添加方法，以及零部件结构尺寸的表达；学会装配体环境下坐标系的建立和零部件质心点在新建坐标系的位置查询，并完成其在工业机器人示教器中的设定，学会给客户出具产品报价单。

【知识技能】

2.4.1　非标设备（产品）报价

1. 报价单

报价单是一种商业文件，主要用于供应商向客户报价，类似于价格清单。报价单通常包括报价单的头部、产品基本资料、产品技术参数、价格条款、数量条款、支付条款、质量条款、交货期条款、品牌条款、原产地条款，以及报价单附注的其他资料等信息。

报价单本身并不具有法律约束力，它只是一个商业凭证，用于双方友好磋商，而不是原始凭证。这意味着，报价单虽然列出了商品、价格、有效期限等要求，但缺乏正式性的文字（如联系人签字、日期、报价单号等，通常在买卖合同中出现）。因此，报价单不能替代买卖合同，双方必须根据报价单进一步协商并签署买卖合同，以使合作具有法律上的约束力。

2. 常用报价单格式

图 2-4-2 和图 2-4-3 所示分别为通用产品报价单的简要和详细格式，如果客户对所用元器件有指定品牌、指定型号等，可以在表格中添加单列特别说明。非标设备的报价需要对所用电气元器件、机械零部件、外协加工等费用的市场价格非常了解，也需要考虑自身的人力成本、设备折旧、管理费用、税点等，因此需要多年的经验才能报出合理的价格。

产品报价单

报价单编号：12345678　　　　　　　　　　　　时间：201X年X月X日

报价方：XXX有限责任公司　　　　　　询价方：XXX有限责任公司

联系人：XXX　　　　　　　　　　　　联系人：XXX

电　话：XXXX-XXXXXXX　　　　　　电　话：XXXX-XXXXXXX

传　真：XXXX-XXXXXXX　　　　　　传　真：XXXX-XXXXXXX

手　机：159XXXXXXXX　　　　　　　手　机：158XXXXXXXX

E-mail：XXXXXXX@qq.com　　　　　E-mail:XXXXXXX@qq.com

以下为贵公司询价产品明细，请详阅；如有疑问，请及时与我司联系，谢谢！

序号	产品名称	规格型号	数量	单位	单价(¥)	总价(¥)	交货日期	备注
1	物品名称A	v6	20	个	20.00	400.00	2018.12.1	
2	物品名称B	S2	60	个	15.00	900.00	2018.12.2	
3	物品名称C	S3	30	个	30.00	900.00	2018.12.3	
4	物品名称D	H2	40	个	35.00	1,400.00	2018.12.4	
5								
6								
7								
8								
9								
10	总计（大写）：　叁仟陆佰元整							

备注：

（1）以上报价包含：产品单价、型号等。

（2）报价有效期：自报价之日起30个工作日。

（3）结算方式：购货方收到我司开具发票后15日之内付清全款。

图 2-4-2　通用产品报价单的简要格式

项目2　套筒扳手上下料工装设计

LOGO

XXXX有限公司

产品报价单

客户名称	XXXXXXXX股份有限公司			
设备名称	XXXXXXXXXX设备		数量	1

		机械部分			电控部分		
1	材料费用	名称	费用	品牌	名称	费用	品牌
		气动原件	30000		电控原件	10000	
		机械原件	50000		机械原件	15000	
		非标材料	80000		非标材料	25000	
		小计RMB	¥160,000.00		小计RMB	¥50,000.00	

		机械项目	人力	小时	费率	小计	电控项目	人力	小时	费率	小计
2	人工费用	设计工时	1	360	¥125	¥45,000.00	设计工时	1	360	¥125	¥45,000.00
		组立	3	40	¥85	¥10,200.00	配线	2	24	¥85	¥4,080.00
		调试	2	56	¥85	¥9,520.00	调试	2	32	¥85	¥5,440.00
		小计RMB	¥64,720.00				小计RMB	¥54,520.00			

3	其他费用	包装费用	人工	
			材料	
		运输费	国内运输	
			出口外运	
			保险费	
		差旅费	交通费	
			住宿费	
			伙食费	
		小计	0	

合计成本	¥329,240.00	利润 30%	¥98,772.00	税金 16%	¥68,481.92
付款方式：		合计总价		¥496,493.92	
备注：		优惠价		—	

图 2-4-3　通用产品报价单的详细格式

双爪连接块设计

【实施案例】

2.4.2　双爪连接块设计

（1）在夹爪设计装配体基础上，选中气动手指壳体坐标系原点和装配体坐标系原点，进行坐标系重合配合，如图 2-4-4、图 2-4-5 所示。

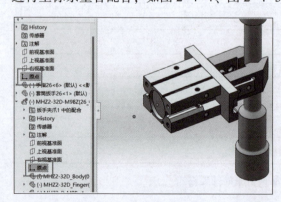

图 2-4-4　选中坐标系原点

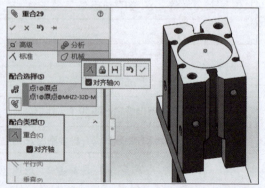

图 2-4-5　坐标系重合配合

（2）选中气动手指壳体零件进行编辑，在其上表面新建一个拉伸圆柱曲面作为辅助面，进行双夹爪圆周阵列设置，如图 2-4-6、图 2-4-7 所示。

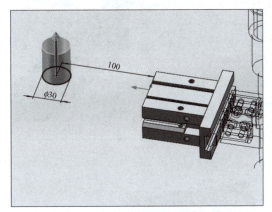

图 2-4-6　拉伸圆柱曲面

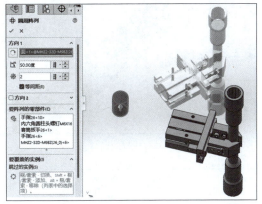

图 2-4-7　双夹爪圆周阵列设置（参考圆面）

（3）双爪连接块零件设计。选择"装配体"→"插入零部件"→"新零件"命令，按照提示选择零件模板，给定零件名称为"双爪连接块"，选中气动手指壳体上表面，将其作为草图面进行双爪连接块零件设计，如图 2-4-8 所示。

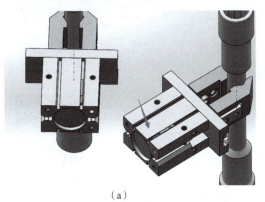

（a）

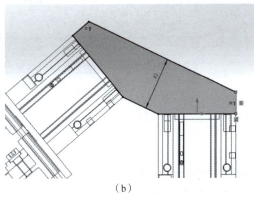

（b）

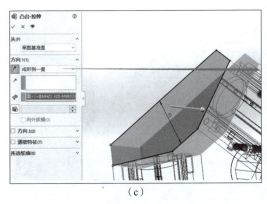

（c）

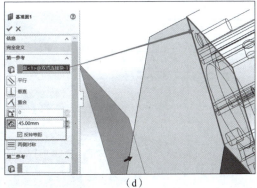

（d）

图 2-4-8　双爪连接块零件设计

（a）新零件草图面选择；（b）草图绘制；（c）拉伸；（d）偏移建立基准面

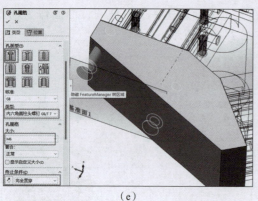
（e）

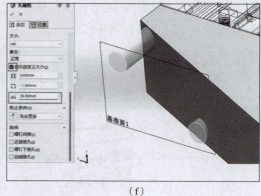
（f）

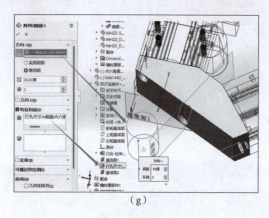
（g）

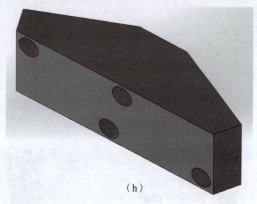
（h）

图 2-4-8　双爪连接块零件设计（续）

（e）添加沉孔；（f）更改沉孔深度；（g）沉孔阵列；（h）完成设计结果

2.4.3　连接块设计

（1）在前期装配体基础上，插入安川 MA1440/AR1440 型六关节机器人第六轴法兰并添加对应配合关系。

双爪连接法兰设计

（2）选择"装配体"→"插入零部件"→"新零件"命令，给零件命名为"连接块"并进行连接块的后续设计，如图 2-4-9 所示。

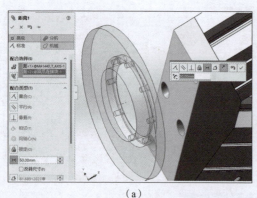
（a）

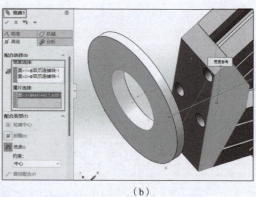
（b）

图 2-4-9　连接块的后续设计

（a）添加距离配合；（b）宽度高级配合 1

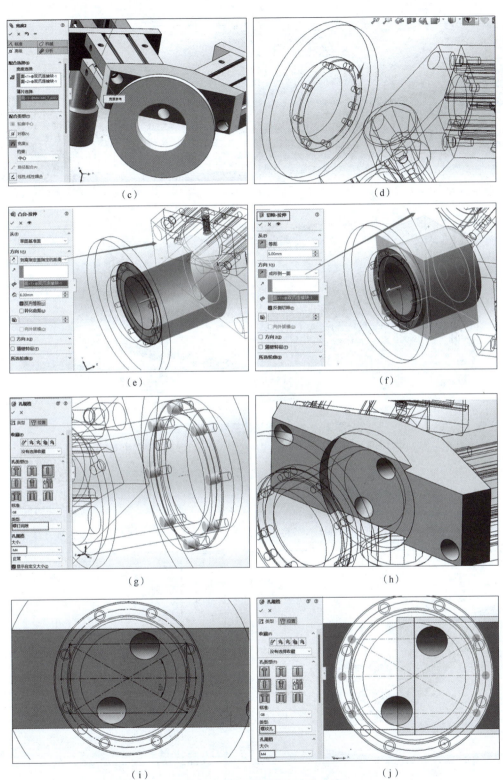

（c）

（d）

（e）

（f）

（g）

（h）

（i）

（j）

图 2-4-9　连接块的后续设计（续）

（c）宽度高级配合 2；（d）草图基准面；（e）拉伸到面；（f）拉伸切除 1；（g）螺钉间隙孔 1；
（h）拉伸切除 2；（i）绘制孔位；（j）连接螺孔

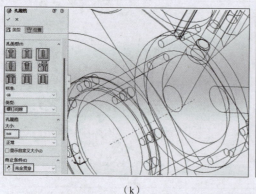

（k）

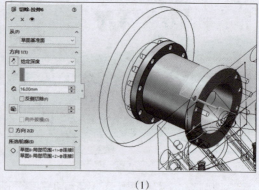

（l）

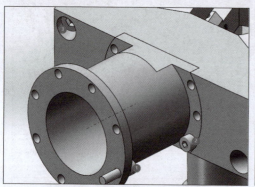

（m）

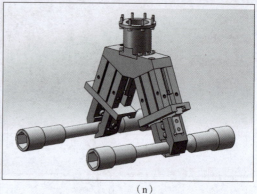

（n）

图 2-4-9　连接块的后续设计（续）

（k）螺钉间隙孔 2；（l）两侧切除；（m）插入螺钉；（n）整体设计完成结果

2.4.4　双爪连接块工程图

双爪连接块工程图

（1）按照图 2-4-10 所示的操作步骤，完成双爪连接块工程图设计。

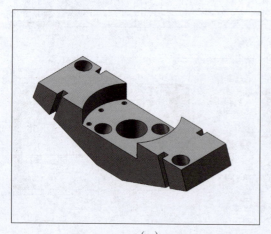

（a）

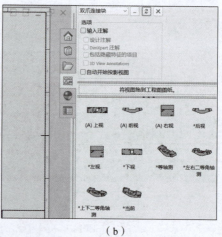

（b）

图 2-4-10　双爪连接块工程图设计

（a）连接块 3D 模型；（b）选择前视图

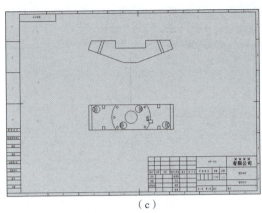

（c）

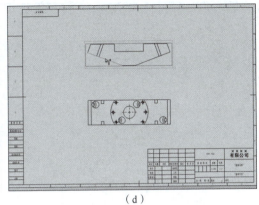

（d）

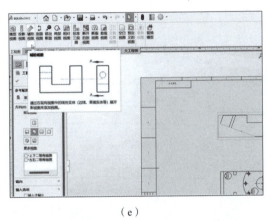

（e）

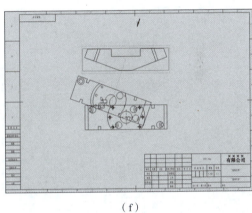

（f）

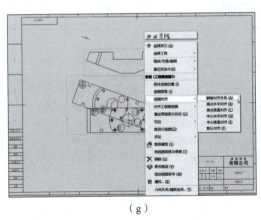

（g）

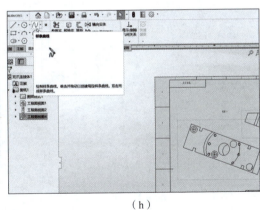

（h）

图 2-4-10 双爪连接块工程图设计（续）

（c）根据三视图投影原理选择俯视图；（d）选中边线；（e）单击"辅助视图"按钮；（f）拖动辅助视图至合适位置；

（g）右击辅助视图，在弹出的快捷菜单中选择"视图对齐"→"解除对齐关系"命令并将其放置在合适位置；

（h）单击"样条曲线"按钮或"圆"按钮（绘制边线）

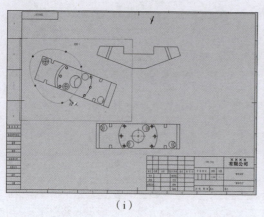

（i）

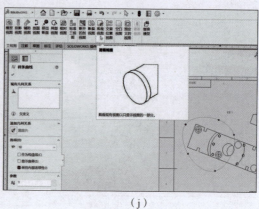

（j）

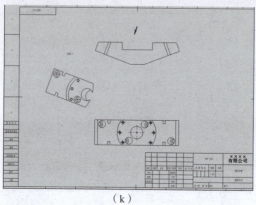

（k）

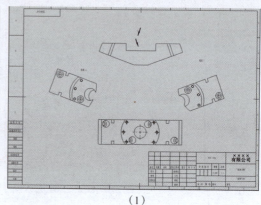

（l）

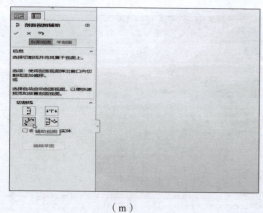

（m）

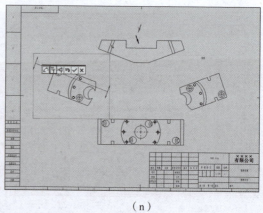

（n）

图 2-4-10 双爪连接块工程图设计（续）

（i）绘制边线完成；（j）单击"裁剪视图"按钮；（k）裁剪视图完成；（l）重复以上步骤完成工程图；

（m）选择辅助视图剖切方式；（n）选择第二点拐角处

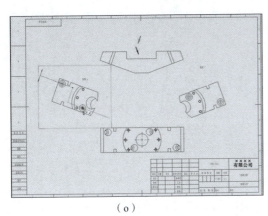

（o）

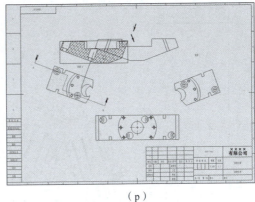

（p）

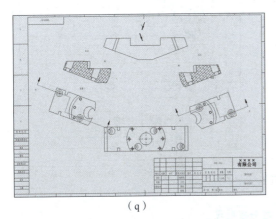

（q）

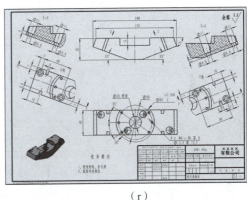

（r）

图 2-4-10　双爪连接块工程图设计（续）

（o）选择第三点拐角处；（p）选择剖切视图并拖动至合适位置；

（q）裁剪视图并将其放置在合适位置；（r）完成各视图并进行尺寸标注

（2）完成双夹爪机械手装配工程图设计，读者自行参照图 2-4-11 完成。

【经验技巧】

（1）在进行双夹爪空间圆周阵列布置时，应先创建圆柱曲面作为参照。

（2）在装配体环境下进行多个零部件设计时可先内部保存，在完成全部设计后统一进行外部保存。

（3）在对多个零部件进行设计时，需要先对头、尾结合部位进行设计，再进行零件之间的连接设计。

（4）机械手整体质心点的坐标，需要在新建立的坐标系中获取。

（5）完成设计后，需要进行运动干涉校核。

【任务评价】

对学生提交的零件文件和工程图文件进行评价，配分权重表如表 2-4-1 所示。

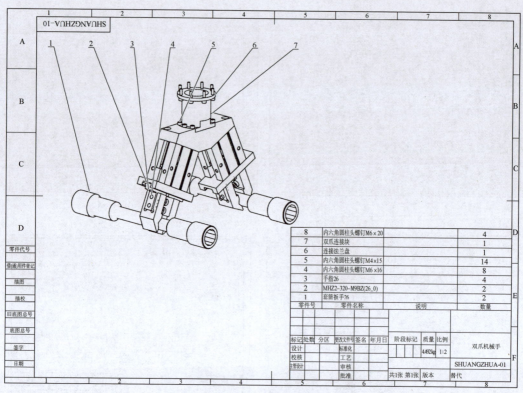

图 2-4-11　双夹爪机械手装配工程图

表 2-4-1　配分权重表

序号	考核项目	评价标准	配分	得分
1	连接块结构合理性	每错一处扣 4 分	30	
2	工程图规范性	视图表达不合理扣 10 分，尺寸及技术要求每错一处扣 2 分	30	
3	报价单	报价明细表每少一项扣 4 分	20	
4	平时表现	考勤、作业提交	20	

【知识拓展】

2.4.5　机械手质心坐标获取及设定

测量机械手质心坐标时需要先进行质心坐标相对坐标系的建立，以便适应机械手的工具坐标系等实际使用条件。

双爪机械手
装配体工程图

1. 坐标系建立

（1）选择"装配体"→"参考几何体"→"点"命令，系统打开"点"属性管理器，如图 2-4-12 所示。

（2）选择工具与法兰连接的面，单击"确定"按钮在面中心生成点，如图 2-4-13 所示。

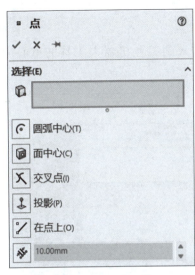

图 2-4-12　建立点

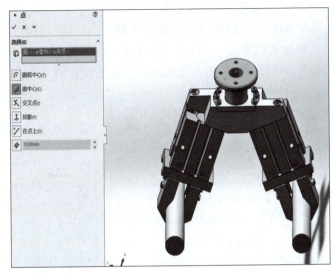

图 2-4-13　在面中心生成点

（3）选择"装配体"→"参考几何体"→"坐标系"命令，在"坐标系"属性管理器的"位置"选项组中选择第（2）步建立的点，如图 2-4-14 所示，在"方向"中更改 Z 轴的方向，单击点所在的面后，再单击左侧的"反向"按钮即可根据需要改变方向。

图 2-4-14　选择第（2）步建立的点

2. 质心坐标查询

（1）选择"评估"→"质量属性"命令，系统弹出"质量属性"对话框，如图 2-4-15 所示。

（2）在"质量属性"对话框中可以看到各种属性，勾选"创建质心特征"复选框，在"报告与以下项相对的坐标值"下拉列表框中选择"坐标系 1"命令即可生成需要的质心（即在坐标系 1 内的坐标数据）。

3. 质心坐标设定（工业机器人侧）

将生成的质心（重心）数值分别在示教器中对应输入到工业机器人工具的重心中（见图 2-4-16），可使工业机器人适应所设计的工具。

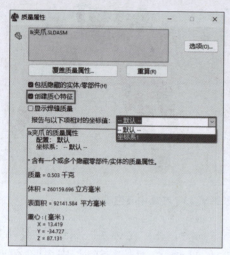

图 2-4-15　"质量属性"对话框

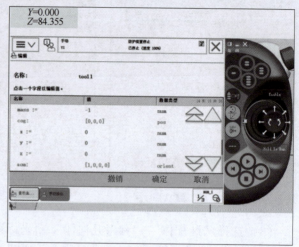

图 2-4-16　工业机器人侧质心（重心）坐标设定

个人自行申请专利五分钟全流程教程

本项目主要是完成玻璃支撑排架的焊接工装设计，玻璃支撑排架主体由矩形钢管分段焊接而成，在使用松下焊接机器人自动焊接过程中，必须使用工装对各段钢管进行准确定位，是应用比较广泛的一类焊接工装。玻璃支撑排架产品 3D 模型如图 3-0-1 所示。

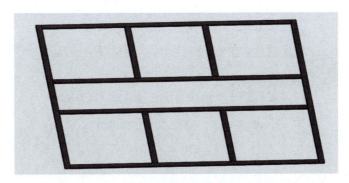

图 3-0-1   玻璃支撑排架产品 3D 模型

	知识目标	能力目标	素养目标
学习目标	1. 了解工业机器人焊接方式及工艺特点 2. 了解 SOLIDWORKS 软件多实体造型方法 3. 了解焊接管件定位夹紧要求 4. 了解自下而上的设计方法及设计流程 5. 了解装配工程图出图方法	1. 掌握自下而上的设计方法 2. 掌握 SOLIDWORKS 软件多实体造型的方法 3. 掌握关联参考设计技巧 4. 掌握快速夹钳资源的获取及文件处理方法 5. 掌握球标、材料明细表的添加方法	1. 培养团队合作、沟通意识 2. 具备通用件资源获取能力 3. 掌握软件使用技巧 4. 规范制图 5. 面向市场调研，具备成本控制意识

项目 3 知识技能图谱如图 3-0-2 所示。

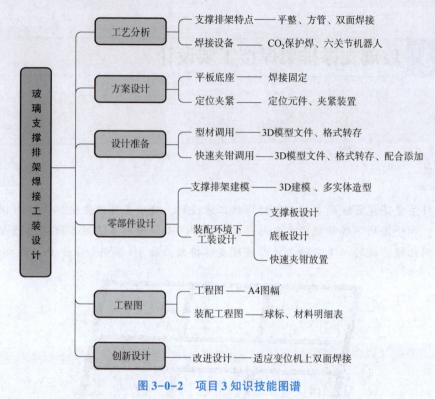

图 3-0-2　项目 3 知识技能图谱

实施建议

1. 实施条件建议

地点：多媒体机房。

设备要求：能够运行 SOLIDWORKS 2022 软件的台式计算机，每人 1 台。

2. 课时安排建议

12 学时。

3. 教学组织建议

学生每 4~5 人组成一个小组，每小组设组长 1 名，在教师的指导下，采用项目导向、任务驱动的方式，根据要求完成 3D 造型和工程图。

任务 3.1　支撑排架 3D 造型及焊接工艺分析

【任务描述】

参照图 3-0-1，自主设定玻璃支撑排架的结构，完成其 3D 造型设计，并在分析支撑排架焊接制作工艺的基础上确定焊接工作方案。3D 造型任务采用多实体造型方法完成。

【学习重点】

熟悉工业机器人焊接工艺要求，掌握多实体造型技巧；与装配体环境下的零部件设计方法做比较，领会多实体造型设计时零部件特征工具的方便性；掌握将多实体零部件转换为独立零部件的方法。

【知识技能】

多实体造型

3.1.1 多实体造型

1. 多实体

多实体是 SOLIDWORKS 软件中一个非常有用的功能，多实体既不属于零件也不属于装配体，但是保存格式可以使用 .sldprt 文件格式。多实体造型可使零件中包含多个实体，并使用一个实体将多个不连续的实体连接起来，形成一个单独的实体。这也是多实体环境中常用的建模方法。

2. 多实体造型的方法

多实体造型一般有以下几种方法。

（1）在同一草图中画多个闭合但不相接、不重合的草图并拉伸，如图 3-1-1 所示。

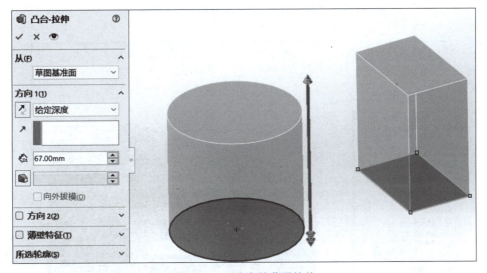

图 3-1-1　分离的草图拉伸

（2）在现有实体上画新草图进行拉伸（取消勾选"合并结果"复选框，如图 3-1-2 所示），或者画与现有实体不相接或不重合的草图进行拉伸。

（3）切除现有实体的中间部分，或者用曲面对实体进行分割，如图 3-1-3 所示。

（4）通过在模型中直接插入零件的方法来获得多实体，如图 3-1-4 所示。

通过以上多实体造型方法可以更加灵活地处理零件。比如，在设计钣金、焊件类型的零件时，可以通过多实体造型替代装配体设计，构建过程快速方便。

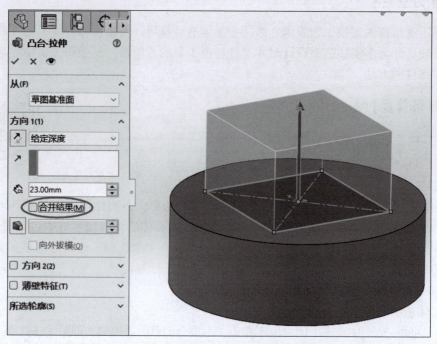

图 3-1-2 取消勾选"合并结果"复选框

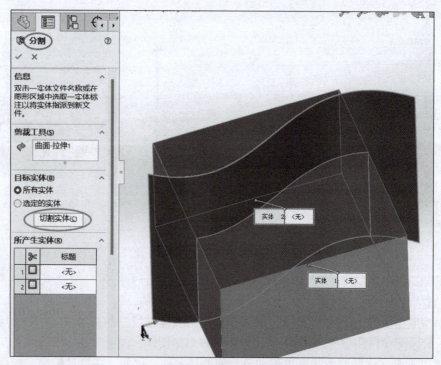

图 3-1-3 用曲面对实体进行分割

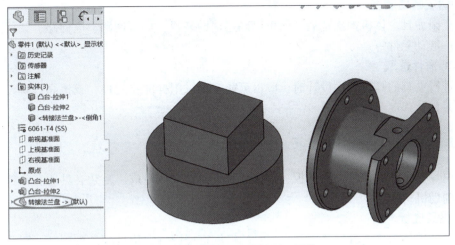

图 3-1-4　在模型中直接插入零件

3.1.2　工业机器人焊接工艺要求

1. 结构组成（示例）

（1）原材料：长 6 m、横截面外径为 30 mm×20 mm、厚 2.0 mm 的方管。

（2）支撑排架尺寸：长×宽为 900 mm×840 mm，有两纵两横的隔断。

（3）方管构件数量：不同长度的方管构件共 10 个。

2. 工业机器人焊接工艺

（1）工业机器人品牌与尺寸：ABB、臂展为 1 400 mm。

（2）焊接方式：二氧化碳（CO_2）保护焊。

（3）工艺要求：10 个方管构件要从两面进行焊接，形成一个整体排架，要求焊缝均匀、美观，工业机器人焊接不易到达的位置可以手工补焊。

3. 工装设计要求

工装设计要求主要包含以下三个方面：一是方管构件夹紧可靠，焊接过程中不允许松动；二是焊接夹具夹持元件应避开焊缝，使机械手焊枪能够顺利到达焊接位置；三是工件装夹效率高、制造成本低。

3.1.3　焊接夹具设计方法与步骤

1. 确定生产纲领

在设计焊接夹具之前，应首先了解生产纲领、产品结构特征、工艺需要及生产线布置方式，做好充分的工艺调研。参照国内外先进的夹具结构，并结合实际情况确定夹具总体设计方案，如选择固定夹具还是随行夹具，机械化、自动化水平是高还是低，几种产品夹具是否混型共用等。

2. 确定定位方式

根据焊件结构特点及所需焊接设备的型号、规格确定定位及夹紧方式，同时根据管件的工艺特点及后续装配工艺的需要选择合适的定位点及关键定位点。

3. 确定辅助装置

在复杂夹具主体机构确定后，便可以确定辅助装置，如水回路、电回路、气回路、气动元件、液动元件等。

4. 标准件选取

在进行夹具的具体结构设计时，应尽可能多地采用标准化元件，或提高自身设计的通用化、系列化程度。

3.1.4　常用焊接夹具的组成、结构及要求

常用焊接夹具通常由夹具底板、定位装置、夹紧机构组成，复杂夹具还有单独的测量系统及辅助机构。

1. 夹具底板

夹具底板是焊接夹具的基础元件，它的精度直接影响定位机构的准确性，因此视焊件产品精度不同，对工作平面的平面度和表面粗糙度有不同要求。自身带测量装置的夹具，其测量基准建立在夹具底板上，因此在设计夹具底板时，应留有足够的位置来设置测量装置的基准槽，以满足实际测量的需要。另外，在不影响定位机构装配和定位槽建立的情况下，应尽可能采用框架结构，这样可以节约材料、减小夹具自身质量，这一点对于流水线上的随行夹具来说尤为重要。

2. 定位装置

定位装置中的零部件通常有固定销、插销、挡铁、V 形块，以及根据焊件实际形状确定的定位块等。因为焊接夹具使用频率极高，所以定位元件应具有足够的刚性和硬度，以保证更换修整期内的精度。图 3-1-5 所示为常用 V 形块定位元件。为便于调整和更换主要定位元件以及使夹具具备柔性的混型功能，定位机构应尽可能设计成组合可调式的标准化设计。例如，支撑件可设计成混型、通用系列的元件。

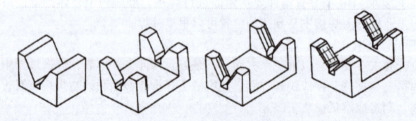

图 3-1-5　常用 V 形块定位元件

3. 夹紧机构

焊接夹具的夹紧机构以快速夹紧机构（见图 3-1-6）和气动夹紧机构为主，快速夹紧机构具有以下优点。

（1）快速夹紧机构结构简单，动作迅速，从自由状态到夹紧仅需几秒，符合大批量生产的需要。

（2）快速夹紧机构根据需要可几个串联

图 3-1-6　快速夹紧机构

或并联在一起使用，达到二次夹紧或多点夹紧的目的。另外，对于定位精度较低的焊件，快速夹紧机构能同时实现夹紧和定位，节省了专用定位元件。此外，它还能通过转换其机构组成发挥更多作用，应用范围较广。

（3）快速夹紧机构同气缸配套使用，可实现手动、气动混用，保证了流水线的正常运行。

4. 夹具辅助机构

夹具辅助机构在焊接过程中发挥着重要作用。以下介绍两种典型的夹具辅助机构。

1）夹具旋转机构

在夹具底板和夹具支撑中布置图 3-1-7 所示的夹具旋转机构，可使夹具在平面上做360°旋转（为使转动灵活轻巧，还配备有滚动轴承）。这样的系统可克服焊机少的缺陷，因为当焊机固定、电缆长度有限时，转动夹具可将焊点移动到焊钳的工作区域进行焊接，使焊接工作方便轻松地进行，保证焊接质量。另外，为保证夹具在装夹、拆卸时处于稳定工况，还应设计制动装置。

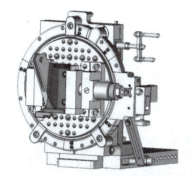

图 3-1-7　夹具旋转机构

2）夹具翻转机构

当焊点处于中间位置时，如果用 X 形焊钳进行点焊，则焊钳无法伸进，喉深也不够，难以焊接；若用 C 形焊钳，在夹具平放时，虽然能够焊接，但工人的劳动强度大。所以在设计夹具时，可设计夹具翻转机构，如图 3-1-8 所示，其使焊件能向两边翻转 90°，焊件平面处于竖直位置，这样，工人只要将焊枪放在水平位置便可以焊接，这种方式可以大大降低劳动强度。在设计夹具翻转机构时，需要设计制动机构，以防止夹具自动恢复原位造成事故。

图 3-1-8　夹具翻转机构

【实施案例】

3.1.5 支撑排架 3D 造型

1. 采用多实体造型完成支撑排架 3D 造型

按照以下步骤采用多实体造型完成支撑排架 3D 造型。

绘制方管截面草图：截面尺寸为 30 mm×20 mm，四条棱角倒 $R2$ mm 圆角，薄壁拉伸厚度为 2 mm，方向选择两侧对称，拉伸长度为 900 mm。采用同样截面尺寸，以侧面为基准拉伸短管，长度为 300 mm。选择基准面为镜像平面，镜像短管实体。选择"线性阵列"命令，设计出第二条长管。在总宽度 840 mm 的一半处（从第一条长管一侧偏移 420 mm）建立基准面以备镜像。选择"镜像阵列"命令，依次选择所需镜像实体完成镜像。最后采用同样截面尺寸，拉伸出两端方管，长度为 840 mm，完成支撑排架 3D 造型，如图 3-1-9 所示。

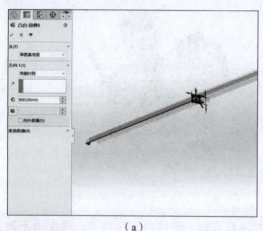

（a）

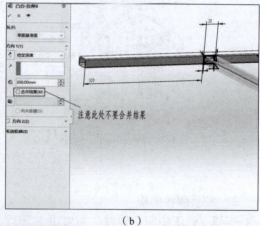

（b）

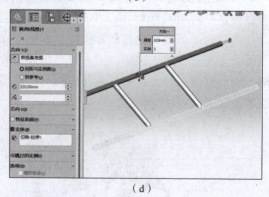

（c）　　　　　　　　　　　　　　（d）

图 3-1-9　支撑排架 3D 造型

（a）拉伸出长管；（b）拉伸出短管；（c）镜像短管；（d）线性阵列长管

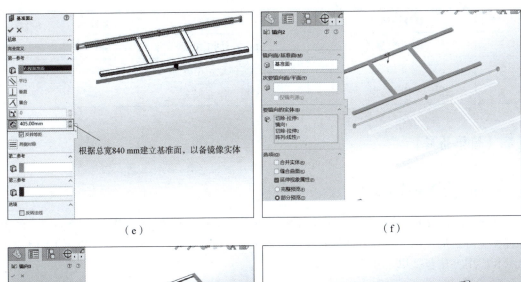

（e）　　　　　　　　　　　　　　　　　　（f）

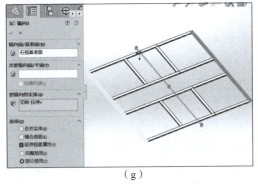

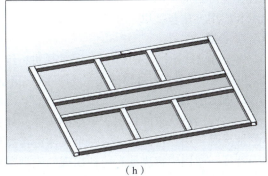

（g）　　　　　　　　　　　　　　　　　　（h）

图 3-1-9　支撑排架 3D 造型（续）

（e）新建基准面以备镜像；（f）选择镜像实体；（g）镜像选项控制；（h）完成支撑排架 3D 造型

2. 通过装配方式完成支撑排架 3D 选型

分别完成单个同尺寸零部件的 3D 造型，插入装配体文件，通过添加装配关系或阵列完成整个支撑排架的 3D 造型，这里不再示范，读者可自行尝试完成。

🔄【经验技巧】

（1）在完成多实体造型时，可对单个实体进行阵列、工程图隐藏等操作。

（2）若要将多实体零件保存为单个零部件或装配体零件，则在多实体造型过程中必须对所有图形元素完全定义（显示为黑色），且实体零件之间不能有任何干涉，否则软件无法进行分割求解，会导致分割失败。

🔄【任务评价】

对学生提交的零件（多实体零件）文件进行评价，配分权重表如表 3-1-1 所示。

表 3-1-1 配分权重表

序号	考核项目	评价标准	配分	得分
1	结构合理性	每错一处扣 10 分	40	
2	多实体零件	非多实体造型不得分	40	
3	平时表现	考勤、作业提交	20	

【知识拓展】

3.1.6 多实体设计方法

在 SOLIDWORKS 软件引入一个零件中可以包含多个实体的概念和方法后，用户的设计过程变得更加灵活，设计方法更加多样。在具体的设计工作中，多实体设计的主要应用优点和应用方法包括以下几个方面。

1. 桥接

多实体设计可利用实体把不连续实体进行组合，此方法称为桥接。使用桥接的方法设计零件，可以根据设计的具体情况先完成零件两端不连续的实体，再将其合并为一个单独的实体。

2. 局部操作

某些应用特征只能作用于单独的实体，如抽壳、圆角、倒角等。当零件中存在不同实体的情况时，用户可以单独对每个实体进行操作而不影响其他实体。局部操作方法常用于抽壳特征，或用于解决抽壳特征出现的模型重建错误。抽壳特征是在所有主体特征建立后进行的，因此，抽壳特征将作用于整个被合并的实体。而零件中的不同部分分别为不同的实体，因此可以单独对实体进行抽壳，从而使零件的不同部分具有不同的抽壳壁厚。

3. 实体之间的布尔运算

在 SOLIDWORKS 软件中，多实体设计可以利用实体组合工具进行布尔运算，包括添加、删减、共同三种。通过布尔运算，可以保留两个实体之间共同的部分。

4. 相同实体的阵列和镜像

SOLIDWORKS 软件支持实体的阵列和镜像。在实际工作中，对于多个具有相同形状但需要使用多个特征命令完成的部分，可以使用镜像或阵列实体的方法。例如，具有多个按钮的零件具有对称的性质，而其中一侧又需要多组不同的特征完成，在这种情况下，可以先将零件的一侧作为单独的实体来处理，再使用一次镜像实体操作完成另一侧部分。

5. 作为工具实体的应用

对于设计中经常使用的通用部分，多实体设计可以采用两种方法处理：将其作为特征库应用或工具实体应用。作为工具实体应用时，将通用部分作为一个整体零件来处理，可插入其他零件。

6. 处理外部输入文件

对于外部输入 SOLIDWORKS 软件的零件，系统将其作为一个独立的实体保存，是一个"哑零件"，即输入的零件不像正规的 SOLIDWORKS 软件零件一样具有特征，此类零件的修改可能具有一定的难度。当用户需要对外部输入的零件进行修改时，可以采用多实体方法进行处理。

7. 从多实体形成装配体

从多实体形成装配体是指先从多实体零件形成装配体，再分别对不同的零件进行细化设计，这是消费类产品最常用的设计方法，具有很多优点。要完成包含上下两个零件的产品设计，可以先从一个单独的零件开始，然后把零件拆分为两个实体，分别代表产品的上盖和下壳，将两者保存为装配体后再分别进行细化设计。

任务 3.2　支撑排架焊接工装设计

【任务描述】

对任务 3.1 中自主完成的玻璃支撑排架进行焊接工装设计。

【学习重点】

掌握获取通用件 3D 模型文件的途径，并添加正确的配合关系；学会用同尺寸、低成本的国产零部件进行替代；掌握工程图球标和材料明细表的添加方法及零部件文件属性的更改方法。

【知识技能】

马智渊："90 后"机械
工程师的成长之路

3.2.1　快速夹钳 3D 模型文件获取

本节提供两种获取快速夹钳 3D 模型文件的下载途径。

1. 米思米官网下载

（1）通过互联网查询尺寸，如图 3-2-1 所示。

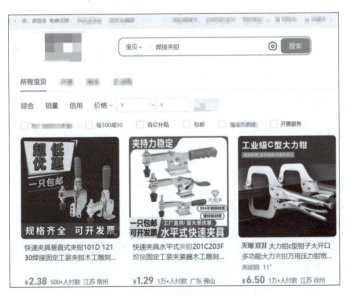

图 3-2-1　通过互联网查询尺寸

（2）根据臂长和夹持力大小选型。图 3-2-2 所示为夹持力为 90 kg、总长为 142 mm 的快速夹钳选型。

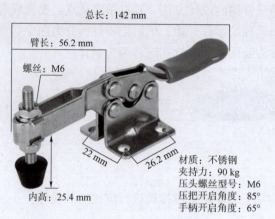

总长：142 mm

臂长：56.2 mm

螺丝：M6

22 mm

26.2 mm

内高：25.4 mm

材质：不锈钢
夹持力：90 kg
压头螺丝型号：M6
压把开启角度：85°
手柄开启角度：65°

图 3-2-2　快速夹钳选型

（3）参考确定好的快速夹钳外形及尺寸，访问米思米官网下载相关 3D 模型文件（.stp 格式），如图 3-2-3 所示。

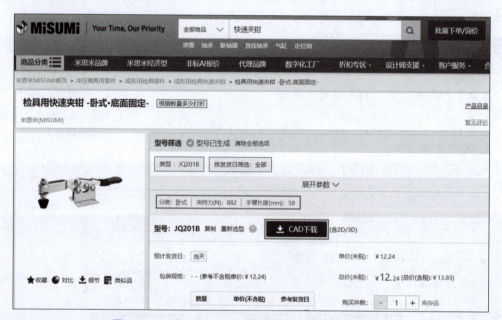

图 3-2-3　访问米思米官网下载快速夹钳 3D 模型文件

（4）将下载的 3D 模型文件另存为 SOLIDWORKS 软件的 .prt 格式文件（为单一实体零件，零部件不能动作），如图 3-2-4 所示。

2. 迪威模型官网下载

（1）如图 3-2-5 所示，访问迪威模型官网下载快速夹钳 3D 模型文件。

（2）按照图 3-2-6 添加装配关系。

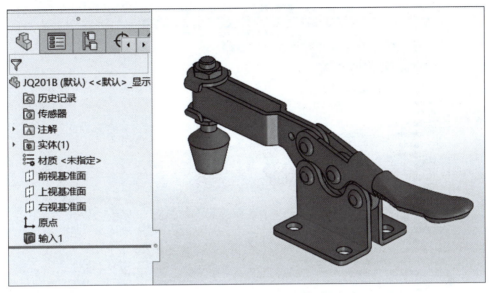

图 3-2-4　.prt 格式文件

图 3-2-5　访问迪威模型官网下载快速夹钳 3D 模型文件

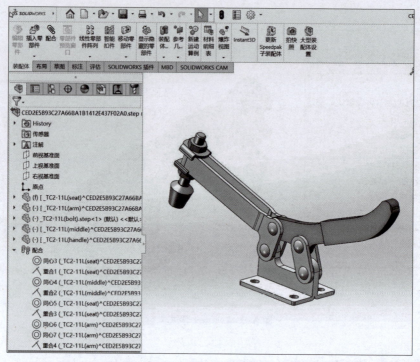

图 3-2-6　添加装配关系

🔄 【实施案例】

3.2.2　焊接工装零部件设计

1. 支撑板设计

（1）支撑排架由 10 段方管组成，如图 3-2-7 所示。

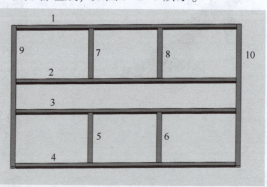

图 3-2-7　支撑排架组成

焊接工装设计

快速夹钳3D配合

（2）设计单管定位布置方案，如图 3-2-8 所示。

（3）打开工件装配体文件，确定定位布置方案后进行支撑板多实体造型设计，如图 3-2-9 所示。

图 3-2-8　设计单管定位布置方案

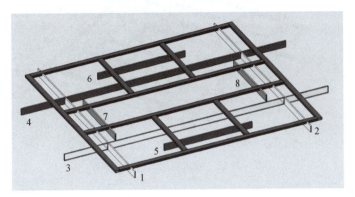

图 3-2-9　支撑板多实体造型设计

（4）完成支撑板卡槽凹口形状设计，如图 3-2-10 所示。

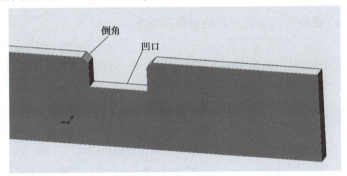

图 3-2-10　完成支撑板卡槽凹口形状设计

2. 快速夹钳的调入、放置

插入 3.2.1 节调用的快速夹钳 3D 模型文件，利用已学习的配合工具，在合适的位置放置并添加配合（主要是重合、尺寸配合等）关系，注意每根方管都要压紧，如图 3-2-11 所示。

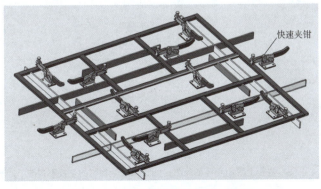

图 3-2-11　快速夹钳的调入、放置

3. 底板设计

利用拉伸和配合工具，完成底板的造型和装配，如图 3-2-12 所示。

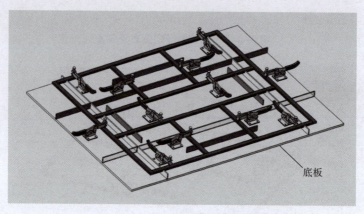

图 3-2-12　完成底板的造型和装配

3.2.3　焊接工装装配工程图

1. 图纸格式

选用自建的 A3 横幅图纸模板，开始制作工程图。

2. 视图

从视图调色板中选择图 3-2-13（a）所示的上视图和等轴测图，然后添加上视图的左投影视图［见图 3-2-13（b）］。

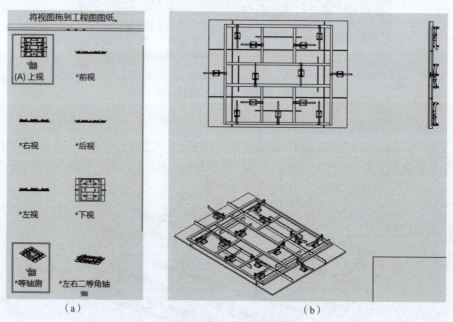

（a）　　　　　　　　　　　　　　（b）

图 3-2-13　视图添加

（a）选择上视图和等轴测图；（b）添加上视图的左投影视图

3. 球标标注

选择等轴测图，选择"注解"→"自动零件序号"命令，在"自动零件序号"属性管理器中单击"按序排列"和 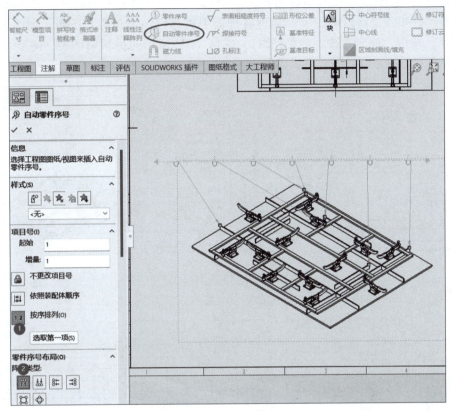（序号都在上侧）按钮，完成球标标注，如图3-2-14所示。

图 3-2-14　球标标注

4. 添加装配尺寸及技术要求

添加装配尺寸及技术要求如图3-2-15所示。

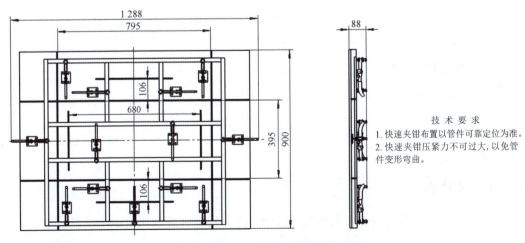

技 术 要 求
1. 快速夹钳布置以管件可靠定位为准。
2. 快速夹钳压紧力不可过大，以免管件变形弯曲。

图 3-2-15　添加装配尺寸及技术要求

5. 材料明细表

选择"注解"→"表格"命令，在下位列表中选择"材料明细表"命令，选择等轴测图，单击"确定"按钮，如图3-2-16（a）和图3-2-16（b）所示。

添加完成后的材料明细表恒定边角为左上角，与标题栏右上角对齐，单击材料明细表，在系统打开的"材料明细表"属性管理器中选择恒定边角为右下角，如图3-2-16（c）所示，单击"确定"按钮后得到图3-2-16（d）所示的材料明细表，调整表格列宽使其与标题栏左侧竖线对齐，完成操作。

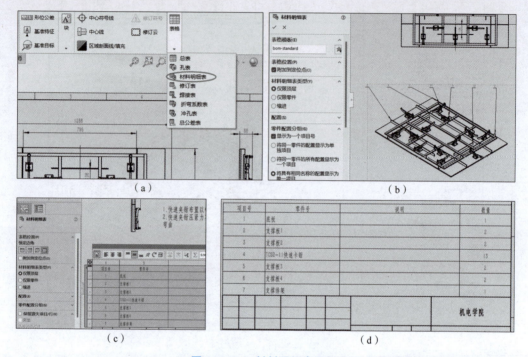

图 3-2-16　材料明细表添加

（a）选择"材料明细表"命令；（b）选择等轴测图；（c）选择恒定边角为右下角；（d）添加完成

6. 标题栏

单击图纸空白处，更改图纸格式，双击标题栏相应框格，可完成标题栏文字的添加，完成后的图纸可以打印成图3-2-17所示的PDF文档。

【经验技巧】

（1）添加通用件零件配合关系时，直接单击配合对象（单击后该零件透明显示）即可，无须拖动出来进行查看，否则容易忘记零件位置。

（2）尽量在通用零件文件属性中添加品牌、单价等信息，使其体现在材料明细表栏目中，以便采购部门进行采购。

【任务评价】

对学生提交的零件文件和工程图文件进行评价，配分权重表如表3-2-1所示。

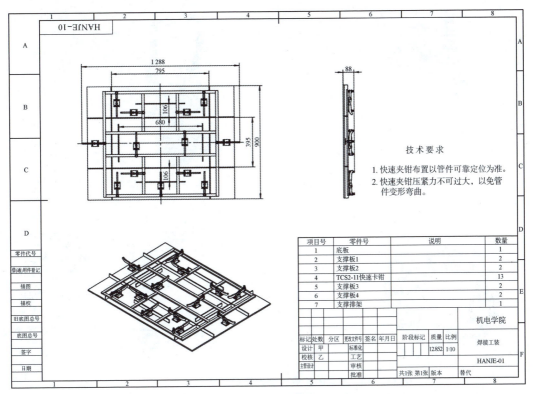

图 3-2-17　装配工程图 PDF 文档

表 3-2-1　配分权重表

序号	考核项目	评价标准	配分	得分
1	支撑板结构设计合理性	每错一处扣 4 分	40	
2	工程图规范性	视图表达不合理扣 10 分，球标和材料明细表每错一处扣 5 分	40	
3	平时表现	考勤、作业提交	20	

【知识拓展】

3.2.4　工业机器人常用工具

1. 焊接工具
常见的工业机器人焊接工具如图 3-2-18 所示。

2. 打磨、喷漆、真空吸盘、夹爪工具
常用的工业机器人打磨、喷漆、真空吸盘、夹爪工具如图 3-2-19 所示。

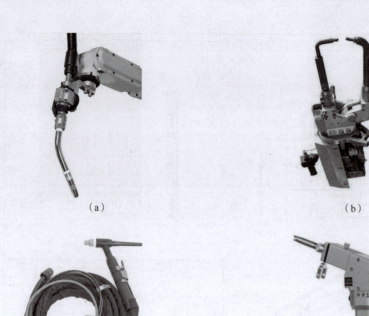

（a）　　　　　　　　　　　（b）

（c）　　　　　　　　　　　（d）

图 3-2-18　常见的工业机器人焊接工具

（a）CO_2 保护自动焊枪；（b）电阻焊自动焊枪；（c）氩弧焊枪；（d）激光焊枪

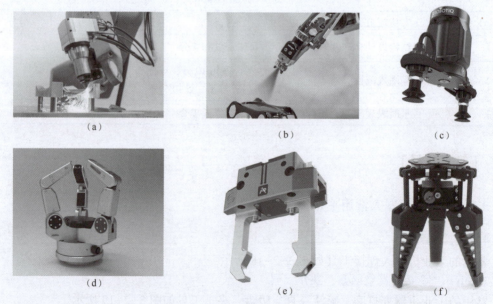

（a）　　　　　　　　　（b）　　　　　　　　　（c）

（d）　　　　　　　　　（e）　　　　　　　　　（f）

图 3-2-19　常用的工业机器人打磨、喷漆、真空吸盘、夹爪工具

（a）气动打磨头；（b）自动喷枪；（c）真空吸盘；（d）三夹爪工具；（e）双夹爪工具；（f）柔性夹爪

　　本项目主要是完成用于自主设定尺寸的平面薄板转运的真空吸盘工装设计，需要完成薄板工件材料的设定、质量测定，计算所需的吸附力，并在此基础上选择尺寸合适的真空吸盘，确定数量后完成整套工装设计（以用于安川 AR1440 型六关节机器人为例）。真空吸盘工装案例如图 4-0-1 所示。

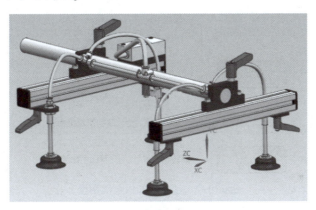

图 4-0-1　真空吸盘工装案例

	知识目标	能力目标	素养目标
学习目标	1. 了解真空吸盘的类型及工作特点 2. 了解真空吸盘吸吊力的计算方法 3. 了解常用铝合金型材的类型 4. 了解关联参考设计和装配布局使用的优缺点 5. 了解软件进行受力分析的过程 6. 熟悉轴承、衬套等常用标准件的特点	1. 掌握吸吊力的计算，会选用真空吸盘 2. 学会查阅真空吸盘选型手册，掌握真空吸盘 3D 模型文件的获取方法 3. 熟练运用草图工具进行设计方案和参数确认 4. 熟练运用关联参考设计方法进行翻转机构设计 5. 学会查阅手册或零部件样本手册，合理标注公差	1. 培养团队合作、沟通意识 2. 具有独立设计意识 3. 掌握软件使用技巧 4. 培养查看工艺手册、设计资料查阅素养 5. 培养国标资料查询素养，规范制图素养

项目 4 知识技能图谱如图 4-0-2 所示。

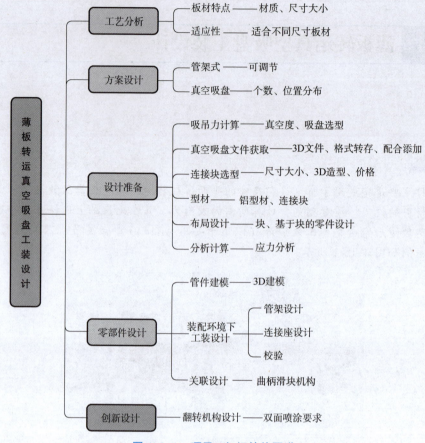

图 4-0-2　项目 4 知识技能图谱

实施建议

1. 实施条件建议

地点：多媒体机房。

设备要求：能够运行 SOLIDWORKS 2022 软件的台式计算机，每人 1 台。

2. 课时安排建议

20 学时。

3. 教学组织建议

学生每 4~5 人组成一个小组，每小组设组长 1 名，在教师的指导下，采用项目导向、任务驱动的方式，根据要求完成设计任务。

任务 4.1　薄板转运真空吸盘工装设计方案制订及相关计算

【任务描述】

自主设定不大于 400 mm×800 mm×2 mm 的薄板零件，先完成其 3D 模型文件，如图 4-1-1 所示，添加 6061 铝合金材料，使用 SOLIDWORKS 2022 的测量工具得到工件总质量（1.728 kg），然后确定合理的薄板转运真空吸盘工装设计方案并完成相关设计计算。

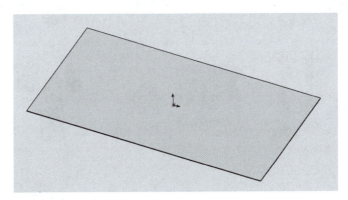

图 4-1-1　薄板零件 3D 模型文件

【学习重点】

根据薄板零件的尺寸和质量，参照现有工装结构布局，通过严谨的设计计算，选择合理的工装设计方案和真空吸盘元件；下载品牌真空吸盘 3D 模型文件并完成配合关系的添加以备用。

【知识技能】

4.1.1　真空吸盘及其设计计算

1. 真空吸盘

真空吸盘是一种常见的气动元件，由真空吸盘和真空吸盘座两部分组成，它可以通过控制进气和排气来产生真空吸力，将物体固定在真空吸盘上。在工业生产中，真空吸盘广泛应用于木工、纸品、塑料、金属、玻璃等各种材料的搬运、加工、包装、印刷和组装等领域。SMC 提供了种类、功能丰富的真空吸盘以供选用，如图 4-1-2 所示。

2. 真空及真空度相关概念

（1）真空是指在给定的空间内，气压低于一个标准大气压时的气体状态。

（2）真空压力是以标准大气压为零时参考的负大气压的值，单位一般用 bar，1 bar = 100 kPa。

（3）真空度是真空与大气压的百分数比值。

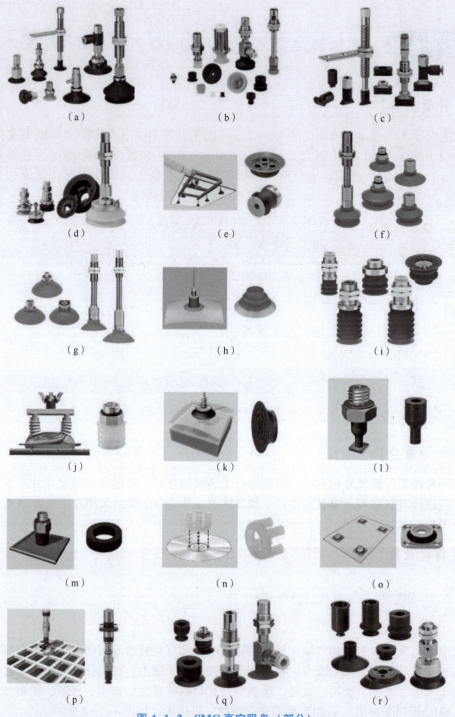

图 4-1-2　SMC 真空吸盘（部分）

（a）基本型真空吸盘 ZP；（b）紧凑型真空吸盘 ZP3；（c）椭圆形真空吸盘 ZP/ZP2；（d）高刚性真空吸盘 ZP3E；
（e）无吸附痕迹真空吸盘 ZP2；（f）真空吸盘 ZP3C；（g）碗状防滑风琴型真空吸盘 ZP3M；（h）真空吸盘 ZP3P；
（i）风琴型真空吸盘 ZP3P-JT；（j）风琴型真空吸盘 ZP2；（k）平型真空吸盘 ZP2；（l）喷嘴真空吸盘 ZP2；
　　　（m）海绵真空吸盘 ZP2；（n）碟片吸附用真空吸盘 ZP2；（o）面板固定用真空吸盘 ZP2；
（p）带滚珠花键缓冲器真空吸盘 ZP2；（q）半导电性硅橡胶真空吸盘 ZP3-□HS□；（r）定制规格真空吸盘 ZP2

（4）抽吸量用来表示真空发生装置的抽吸能力，是指在一定时间内真空装置所能产生的真空流量，单位为 L/min 或 m³/h。

3. 真空吸盘选用

（1）真空吸盘的选定顺序如下。

① 充分考虑工件的平衡，明确吸着部位及真空吸盘个数、直径；根据使用环境及工件的形状、材料确认真空吸盘的形状、材料以及是否需要缓冲器。

② 由已知的吸着面积（真空吸盘面积×个数）和真空压力求得理论吸吊力；真空吸盘的实际吸吊力应考虑吸吊方法及移动条件和安全性。

③ 将工件的重力与吸吊力进行比较，要求吸吊力大于工件重力，计算出充分且必要的真空吸盘直径、真空吸盘面积。

（2）真空吸盘选定时的要点如下。

① 理论吸吊力由真空压力及真空吸盘的吸着面积决定，是在静态条件下得出的数值，实际使用时还应根据实际状态给予足够的余量以确保安全。

② 真空压力并非越高越好，当真空压力在必要数值以上时，真空吸盘的磨损量将增加，容易产生裂纹，使真空吸盘寿命变短；真空压力设定过高，不但响应时间变长，而且产生真空所需的能量也会增大。

③ 真空吸盘的剪切力吸着面和平行方向的力与力矩都不强，在应用时应考虑工件的重心位置，使真空吸盘受到的力矩最小。

④ 使用时不但要使移动时的加速度尽可能小，还要充分考虑风压及冲击力。移动时的加速度越小，预防工件落下的安全性能就越高。

⑤ 应尽量避免真空吸盘吸着工件垂直方向的面向上提升垂直吸吊，不得已的情况下应考虑安全性。

⑥ 由于真空度和所需能量不是等比关系，因此建议吸吊气密性材料工件时，真空度选择 60%~80%；吸吊透气性材料工件时，真空度选择 20%~40%。吸吊力可以通过加大抽吸力和真空吸盘的吸着面积来增加。

⑦ 安装方式：基本上采用水平安装，尽量避免倾斜安装及垂直安装。

⑧ 吸着不同高度的工件，或真空吸盘和工件的位置不确定时，选用内置弹簧型带缓冲的真空吸盘，这样真空吸盘在吸取工件时可以有所缓冲；而在需要定位的场合，则选用带不可回转缓冲的真空吸盘。

（3）真空吸盘形状选择如下。

根据吸吊工件的形状、材料选择真空吸盘形状。

① 平型真空吸盘：适用于一般工件（表面平整、变形小的工件）。

② 深型真空吸盘：适用于球形工件。

③ 皱褶型真空吸盘（又称风琴型真空吸盘）：适合需要缓冲功能但安装尺寸不适合其他缓冲机构的场合，以及工件表面为斜面的场合。

④ 椭圆形真空吸盘：适用于长方形的工件。

⑤ 海绵真空吸盘：适用于表面凹凸不平的工件。

（4）真空吸盘常用材料（来自 SMC 样本手册）如图 4-1-3 所示。

橡胶的材质与特性　　　　　　　　　　　◎:对使用无影响　○:有条件使用　×:不宜使用

材质 \ 项目	硬度 HS(±5°)	使用温度范围℃	耐油性汽油	耐油性苯	耐碱性	耐酸性	耐候性	耐臭氧	耐磨性	耐水性	耐溶剂性苯·甲苯
NBR	A50/S	0~120	◎	×	○	○	×	×	◎	○	×
硅橡胶	A40/S	−30~200	×	×	○	×	◎	◎	×	○	×
聚氨酯橡胶	A60/S	0~60	◎	×	×	×	○	◎	◎	×	×
FKM	A50/S	0~250	◎	◎	○	×	◎	◎	○	◎	◎
导电性NBR	A50/S	0~100	○	×	○	×	○	×	○	○	×
导电性硅橡胶	A50/S	−10~200	×	×	○	×	◎	◎	×	○	×

※上表的特性是表示橡胶的一般特性。SMC使用的吸盘材质是通过JIS标准的物性试验，但随形状、使用条件的不同仍会有变化，请注意。

图 4-1-3　真空吸盘常用材料（来自 SMC 样本手册）

4. 真空吸盘设计计算

使用真空发生器的场合，真空压力大约为−60 kPa。真空压力应设定在吸着稳定后的压力以下；若工件材料有透气性或需要用在工件表面粗糙容易吸入空气的场合，则需要根据实际测试确定真空压力。表 4-1-1 给出了理论吸吊力。

表 4-1-1　理论吸吊力（部分，来自 SMC 样本手册）

真空吸盘尺寸/mm		$\phi1.5$	$\phi2$	$\phi3.5$	$\phi4$	$\phi6$	$\phi8$	$\phi10$	$\phi13$	$\phi16$
真空吸盘尺寸的面积/cm²		0.02	0.03	0.10	0.13	0.28	0.50	0.79	1.33	2.01
真空压力/kPa	−85	0.15	0.27	0.82	1.07	2.4	4.2	6.6	11.3	17.1
	−80	0.14	0.25	0.77	1.00	2.2	4.0	6.2	10.6	16.1
	−75	0.13	0.24	0.72	0.94	2.1	3.7	5.8	10.0	15.1
	−70	0.12	0.22	0.67	0.88	1.9	3.5	5.5	9.3	14.1
	−65	0.11	0.20	0.63	0.82	1.8	3.2	5.1	8.6	13.1
	−60	0.11	0.19	0.58	0.75	1.7	3.0	4.7	8.0	12.1
	−55	0.10	0.17	0.53	0.69	1.5	2.7	4.3	7.3	11.1
	−50	0.09	0.16	0.48	0.63	1.4	2.5	3.9	6.7	10.0
	−45	0.08	0.14	0.43	0.57	1.2	2.2	3.5	6.0	9.0
	−40	0.07	0.13	0.38	0.50	1.1	3.1	3.1	5.3	8.0

水平吸吊时的理论吸吊力计算公式为

$$F_h = PS \tag{4-1}$$

垂直吸吊时的理论吸吊力为真空吸吊力乘以摩擦因数（真空吸盘与工件表面之间）得到的摩擦力，即

$$F_v = \mu PS \tag{4-2}$$

实际吸吊力 = 理论吸吊力/t

真空吸盘的吸吊力计算公式为

$$W = nPS = nP\left(\frac{\pi D^2}{4} \times 100\right) \tag{4-3}$$

真空吸盘直径计算公式为

$$D = 2 \times \sqrt{\frac{1\,000Mgt}{\pi nP}} \tag{4-4}$$

式中，W 为吸吊力，N；M 为吸附物的质量，kg；g 为重力加速度；P 为真空压力，kPa；S 为真空吸盘面积，cm^2；n 为真空吸盘个数；D 为真空吸盘直径，mm；t 为安全系数，水平起吊时，$t \geqslant 4$，垂直起吊时，$t \geqslant 8$；μ 为摩擦因数。

[例]　假设真空压力为 −70 kPa，用一个真空吸盘水平吸吊（取 $t=4$）质量为 0.5 kg 的物体，求真空吸盘直径的大小。

解：$D = 2 \times \sqrt{\dfrac{Mgt \times 1\,000}{\pi nP}} = 2 \times \sqrt{\dfrac{0.5 \times 9.8 \times 1\,000 \times 4}{3.14 \times 1 \times 70}}\ \text{mm} = 18.9\ \text{mm}$。

故可选真空吸盘直径为 20 mm。

4.1.2　真空吸盘工装常用结构

一般真空吸盘工装采用框架式、多真空吸盘结构，根据吸吊的工件不同选用不同类型的真空吸盘。图 4-1-4 所示为常见的几个真空吸盘案例。

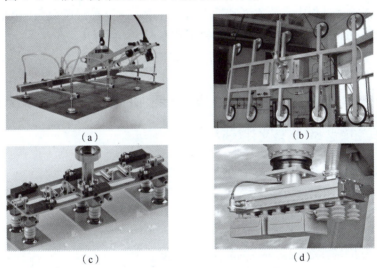

（a）　　　　　　　　　　　　　　　　（b）

（c）　　　　　　　　　　　　　　　　（d）

图 4-1-4　常见的几个真空吸盘案例

（a）大平板吸吊；（b）玻璃吸吊；（c）小电路板吸吊；（d）纸箱吸吊

【实施案例】

4.1.3　薄板转运真空吸盘直径计算

1. 薄板质量查询

对所转运的薄板进行 3D 造型设计，并进行材料添加，如图 4-1-5 所示，通过评估质量属性，得到其质量为 1.728 kg。

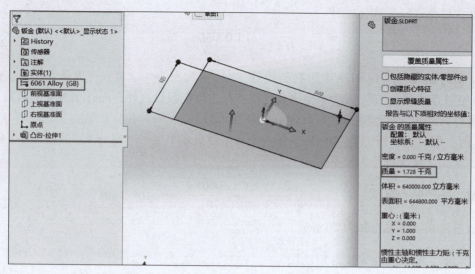

图 4-1-5　薄板 3D 造型设计及材料添加

2. 真空吸盘直径计算

考虑薄板在转运过程中需要水平和垂直起吊（取 $t=8$，真空压力为 $-70\ \text{kPa}$），根据薄板尺寸，初步确定采用 6 个真空吸盘，则根据式（4-4）可得

$$D=2\times\sqrt{\frac{1\,000Mgt}{\pi nP}}=2\times\sqrt{\frac{1.728\times9.8\times1\,000\times8}{3.14\times6\times70}}=20.3\ \text{mm}$$

故可选真空吸盘直径应不小于 20.3 mm，为进一步增加可靠性，选择真空吸盘直径为 40 mm。

4.1.4　真空吸盘 3D 模型文件获取

1. 真空吸盘形状选择

假定薄板通过链式辊道进行输送，表面比较平整，位置相对固定，可考虑采用最常用的平型真空吸盘完成转运。

2. 查阅 SMC 官网进行获取

SMC 官网为 https：//www.smc.com.cn/zh-cn/。

（1）查阅 ZP 系列真空吸盘产品目录并选择平型真空吸盘，如图 4-1-6 所示。

（2）搜索 ZPT40 真空吸盘，指定参数后下载，如图 4-1-7~图 4-1-9 所示。

（3）注册并登录后，下载其 3D 模型文件并添加配合关系以备用，如图 4-1-10 所示。

🔁【经验技巧】

（1）真空吸盘直径结果可根据吸吊的工件尺寸适当加大，以减小现场工件表面颗粒杂质对吸吊力的影响。

（2）选择真空吸盘时，要注重不同真空吸盘材料的使用环境和对真空吸盘缓冲量大小的要求。

（3）设计真空吸盘工装方案时，要考虑其通用性（如真空吸盘位置能否调整、能否转向以适应表面弯曲等）。

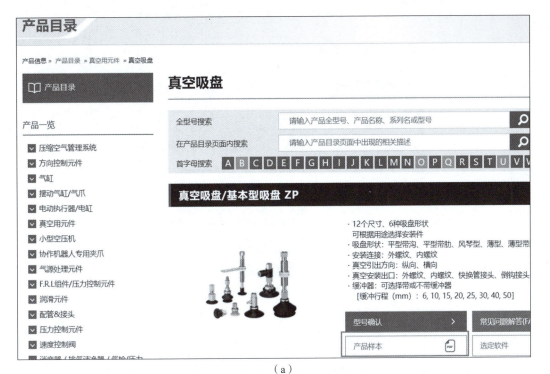

（a）

（b）

图 4-1-6　查阅真空吸盘产品目录并选择平型真空吸盘

（a）ZP 系列真空吸盘产品目录；（b）平型真空吸盘

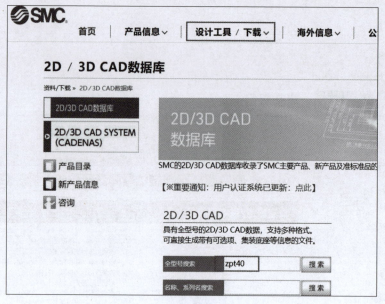

图 4-1-7　3D 模型文件搜索

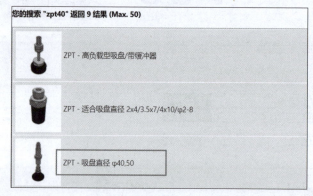

图 4-1-8　选择尺寸类型

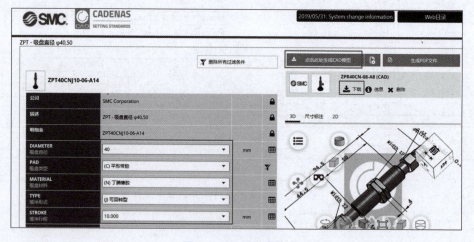

图 4-1-9　给定参数

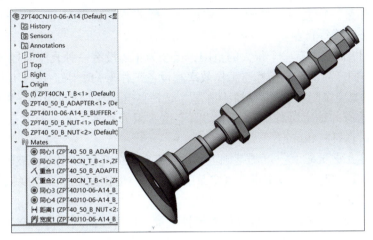

图 4-1-10　添加配合关系

【任务评价】

对学生提交的计算结果、真空吸盘选型，以及真空吸盘装配体文件进行评价。配分权重表如表 4-1-2 所示。

表 4-1-2　配分权重表

序号	考核项目	评价标准	配分	得分
1	设计计算过程	计算过程合理、结果正确，真空吸盘直径选择错误扣 20 分，个数计算错误扣 20 分	40	
2	真空吸盘选型	装配体文件配合添加正确、选型正确，配合每错或少 1 个扣 5 分	40	
3	平时表现	考勤、作业提交	20	

【知识拓展】

4.1.5　真空发生装置

真空发生装置有真空泵和真空发生器两种。真空泵是在吸入口形成负压、排气口直接通大气，两端压力比很大的抽出气体的机械。真空发生器是利用压缩空气的流动形成一定真空度的气动元件。与真空泵相比，真空发生器的结构简单、体积小、质量小、价格低、安装方便，与配套件复合化容易，真空的产生和解除快，适合流量不大的间歇工作场合，并且适合分散使用。

1. 真空泵

真空泵是指利用机械、物理、化学或物理化学的方法对被抽容器进行抽气来获得真空的元器件或设备，是用各种方法在某一封闭空间中改善、产生和维持真空的装置。按真空泵的工作原理，其主要分为两种类型：气体捕集泵和气体传输泵。常用真空泵包括干式螺杆真空泵、水环泵、往复泵、滑阀泵、旋片泵、罗茨泵和扩散泵等，广泛用于冶金、化工、食品、电子镀膜等行业。

从大气压到极高真空有一个很大的范围，至今为止还没有一种真空泵能覆盖这个范围。因此，为达到不同产品的工艺指标、工作效率和设备工作寿命要求，针对不同的真空区段，需要选择不同的真空泵配置。为达到最佳配置，选择真空泵时，应考虑以下几点。

（1）必须检查并确定每种工艺要求的真空度。因为每种工艺都有其适应的真空度范围，必须进行认真研究和确定。

（2）在确定工艺要求真空度的基础上，检查真空泵的极限真空度，极限真空度决定了系统的最佳工作真空度。一般来讲，真空泵的极限真空度比其工作真空度低20%，比前级泵的极限真空度低50%。

（3）检查并确定工艺要求的抽气种类与抽气量。如果被抽气体与真空泵内液体发生反应，真空泵系统将被污染。同时必须考虑确定合适的排气时间与抽气过程中产生的气体量。

（4）检查并确定达到要求真空度所需的时间、真空管道的流阻与泄漏。同时还要考虑达到要求的真空度后在一定工艺要求条件下维持真空度需要的抽气速度。真空泵抽气速度的计算公式为

$$v = 2.303(V/t)\lg(p_1/p_2) \tag{4-5}$$

式中，v 为真空泵抽气速度，L/s；V 为真空室容积，L；t 为达到要求真空度所需的时间，s；p_1 为初始容器内气压；p_2 为抽气后容器内气压。

抽气量越高，所需真空泵体积相对越大，所配用的电机功率也会越高。

2. 真空发生器

图 4-1-11 所示为 SMC ZH 系列真空发生器规格参数。

直接配管型

盒式
（内置消声器）

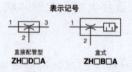

表示记号

直接配管型　　盒式
ZH□D□A　　ZH□B□A

规格

使用温度范围	-5~50℃ ※1
使用流体	空气
适用配管材质	FEP、PFA、尼龙、软尼龙、聚氨酯
使用压力范围	0.1-0.6MPa ※2

※1 未冻结
※2 供气口(P)通口的供气压力，真空(V)通口、排气(E)通口不允许同时阻塞。

真空发生器规格 ※1

型号	喷嘴口径 [mm]	到达真空压力※2 [kPa]		最大吸入流量 [L/min(ANR)]		空气消耗量※2 [L/min(ANR)]	质量※3 [g]
		S型	L型	S型	L型		
ZH05D□A	0.5		-48	6	13	13	5.0
ZH07D□A	0.7			12	28	27	5.2
ZH10D□A	1.0			26	52	52	6.1
ZH13D□A	1.3	-90		40	78	88	12.4
ZH15D□A	1.5		-66	58	78	117	13.4
ZH18D□A	1.8			76	128	165	22.2
ZH20D□A	2.0			90	155	201	23.3
ZH05B□A	0.5		-48	6	13	13	12.4
ZH07B□A	0.7	-89		12	28	27	12.4
ZH10B□A	1.0			26	52	52	13.6
ZH13B□A	1.3			40	78	88	26.9
ZH15B□A	1.5	-90	-66	58	78	117	28.7
ZH18B□A	1.8			76	128	165	46.4
ZH20B□A	2.0		-62	90	155	201	46.2

※1 表示各个特性的数值为理论值，可能会随着大气压(气候、海拔高度等)的不同而变化。
※2 供气压力0.45MPa时的数值。
※3 快换接头型的质量(不含标准托架)。

图 4-1-11　SMC ZH 系列真空发生器规格参数

真空发生器是利用正压气源产生负压的一种新型、高效、清洁、经济、小型的真空元器件。在有压缩空气，或某气动系统同时需要正负压的场合使用真空发生器获得负压十分容易和方便。

真空发生器的参数如下。

（1）空气消耗量：指从喷管流出的流量 q_{v1}。

（2）吸入流量：指从吸入口吸入的空气流量 q_{v2}。当吸入口向大气敞开时，其吸入流量最大，称为最大吸入流量 $q_{v2\max}$。

（3）吸入口处压力：记为 P_v。当吸入口被完全封闭（如真空吸盘吸着工件，即吸入流量为零）时，吸入口内的压力最低，记作 $P_{v\min}$。

（4）吸着响应时间：吸着响应时间是表明真空发生器工作性能的一个重要参数，是指从换向阀打开到系统回路中达到一个必要真空度的时间。

任务 4.2　薄板转运工装设计

【任务描述】

基于任务 4.1 中的薄板转运工件和下载的安川 AR1440 型六关节机器人 3D 模型（见图 4-2-1），完成基于真空吸盘的薄板转运工装 3D 造型设计。

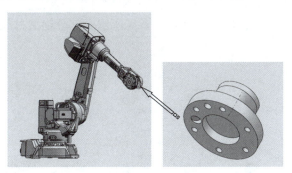

图 4-2-1　安川 AR1440 型六关节机器人 3D 模型

【学习重点】

熟悉常用钢型材、铝型材、管材的类型及结构，学会查询、选用其连接配件；掌握常用真空吸盘工装框架结构，选用不同连接件正确进行组合设计；完成框架和工业机器人第六轴法兰之间的连接块设计。

【知识技能】

4.2.1　型材选用及 3D 模型文件获取

1. 钢型材

钢型材广泛应用于设备机架，一般由不同规格的型钢焊接而成。图 4-2-2 所示为从某钢型材生产商收集的部分钢型材 3D 模型样本。国标型钢截面较为简单，也可自行完成 3D 造型，留存备用。

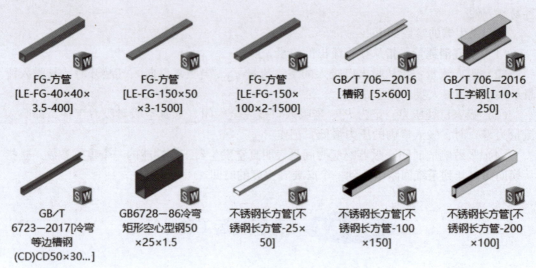

图 4-2-2　部分钢型材 3D 模型样本

2. 铝型材

铝型材是在非标设计中大量应用的一种原材料，很多设备机架都是由不同规格的铝型材搭建而成的。EN 铝型材占市场主流，大部分铝型材生产商都会提供不同规格、不同界面的铝型材 3D 模型文件。图 4-2-3 和图 4-2-4 所示为部分铝型材 3D 模型样本及常用铝型材配件的实物照片。

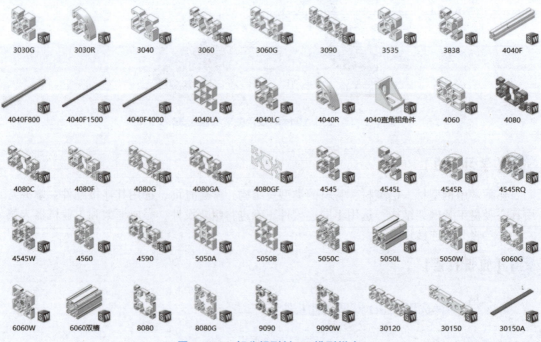

图 4-2-3　部分铝型材 3D 模型样本

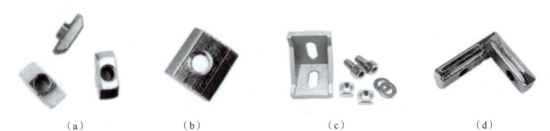

（a）　　　　　　　　（b）　　　　　　　　（c）　　　　　　　　（d）

图 4-2-4　常用铝型材配件的实物照片

（a）欧标 40T M8 螺母；（b）欧标 30 M6 滑块螺母；（c）30 铝型材角码组合套件；（d）欧标 40 角槽件

🔄 **【实施案例】**

4.2.2　薄板转运工装设计

本次设计使用的零部件如下。长 800 mm、直径 30 mm、壁厚 2 mm 的铝管 1 根，长 400 mm、直径 20 mm、壁厚 2 mm 的铝管 2 根，15 mm×10 mm 的异径双孔十字夹 3 个，90 mm×60 mm×60 mm 的支座 1 个，20 mm×15 mm 的异径旋转固定夹 6 个，ZPT40CNJ10-06-A14 真空吸盘 6 个。

（1）在通用件专业选型网站（如米思米、SMC 等）或网购平台（如淘宝、京东等）寻找所需零件的参数和模型；商家不提供模型的可根据参数自行建模。

（2）根据图 4-2-5 的参数完成零件 3D 造型。

国标铝管现货规格表　　　　　　　　　　　　　　　　　　　单位：mm

外径/内径	外径/内径	外径/内径	外径/内径	外径/内径	外径/内径	外径/内径	外径/内径
φ5/φ2	φ10/φ6.2	φ15/φ4.65	φ20/φ17	φ25/φ22.6	φ30/φ13	φ35/φ27	φ45/φ14
φ5/φ2.5	φ10/φ6.4	φ15/φ5	φ20/φ17.6	φ25/φ23	φ30/φ14	φ35/φ28	φ45/φ15
φ5/φ2.7	φ10/φ6.8	φ15/φ6		φ25.3/φ23.6	φ30/φ15	φ35/φ29	φ45/φ17
φ5/φ3	φ10/φ7	φ15/φ7	φ20.5/φ18.5	φ25.4/φ10	φ30/φ16	φ35/φ30	φ45/φ18
φ5/φ3.2	φ10/φ7.35	φ15/φ8.1		φ25.4/φ21.3	φ30/φ17	φ35/φ31	φ45/φ20
φ5.5/φ3	φ10/φ8	φ15/φ8.2	φ21/φ6	φ25.4/φ22.2	φ30/φ18	φ35/φ32	φ45/φ22
φ5.6/φ3.5	φ10/φ8.4	φ15/φ9	φ21/φ7	φ25.6/φ19	φ30/φ19	φ35/φ33	φ45/φ25
φ6/φ2	φ10.4/φ8.3	φ15/φ10	φ21/φ8	φ26/φ6	φ30/φ22	φ36/φ12	φ45/φ28
φ6/φ2.5	φ10.5/φ2	φ15/φ11	φ21/φ9	φ26/φ7	φ30/φ22	φ36/φ13	φ45/φ32
φ6/φ2.7	φ10.5/φ2.5	φ15/φ12	φ21/φ10	φ26/φ8	φ30/φ23	φ36/φ15	φ45/φ35
φ6/φ3	φ10.5/φ8	φ15/φ13	φ21/φ11	φ26/φ9	φ30/φ24	φ36/φ18	φ45/φ38
φ6/φ3.4	φ10.7/φ2.5	φ15/φ13.6	φ21/φ12	φ26/φ10	φ30/φ25	φ36/φ20	φ45/φ40
φ6/φ4	φ11/φ4	φ16/φ4	φ21/φ14	φ26/φ11	φ30/φ26	φ36/φ22	φ45/φ41
φ6/φ4.2	φ11/φ4.65	φ16/φ5	φ21/φ15	φ26/φ12	φ30/φ27	φ36/φ23	φ46/φ22
φ6.35/φ3	φ11/φ5.1	φ16/φ6.1	φ21/φ16	φ26/φ13	φ30/φ28	φ36/φ24	φ46/φ34
φ6.35/φ4	φ11/φ5.3	φ16/φ7	φ21/φ17	φ26/φ15	φ31/φ9.5	φ36/φ25	φ46/φ38
φ6.35/φ4.35	φ11/φ5.5	φ16/φ8	φ21/φ18	φ26/φ16	φ31/φ9.5	φ36/φ26	φ46/φ42
φ6.5/φ3	φ11/φ6	φ16/φ9	φ21.6/φ17.6	φ26/φ18	φ31/φ10.5	φ36/φ27	φ46/φ44
φ6.5/φ3.7	φ11/φ7	φ16/φ10	φ22/φ5	φ26/φ19	φ31/φ14	φ36/φ28	φ47/φ21
φ6.5/φ4	φ11/φ8	φ16/φ10.2	φ22/φ6	φ26/φ20	φ31/φ21	φ36/φ30	φ47/φ43
φ7/φ2	φ11/φ8.3	φ16/φ11	φ22/φ7	φ26/φ21	φ31/φ24.6	φ36/φ31	φ48/φ36
φ7/φ2.5	φ11/φ8.5	φ16/φ12	φ22/φ8	φ26/φ22	φ31/φ27	φ36/φ32	φ48/φ38
φ7/φ3	φ11/φ9.6	φ16/φ12.1	φ22/φ9	φ26/φ22.5	φ31/φ29	φ36/φ33	φ48/φ40
φ7/φ3.5	φ11.5/φ8.5	φ16/φ12.4	φ22/φ10	φ26/φ23	φ32/φ7	φ36/φ34	φ48/φ42
φ7/φ4	φ11.5/φ9.5	φ16/φ13	φ22/φ11	φ26/φ24	φ32/φ8	φ37/φ13	φ48/φ45
φ7/φ4.2	φ11.6/φ6.15	φ16/φ13.6	φ22/φ12	φ26/φ24.4	φ32/φ9.5	φ37/φ28	φ49/φ47
φ7/φ4.5	φ12/φ3	φ16/φ14	φ22/φ13	φ26.8/φ23.6	φ32/φ10	φ37/φ32	φ50/φ14
φ7/φ4.8	φ12/φ3.5	φ16/φ14.2	φ22/φ14	φ27/φ6	φ32/φ11	φ37/φ33	φ50/φ20
φ7/φ5	φ12/φ4	φ16/φ14.5	φ22/φ14.5	φ27/φ7	φ32/φ12	φ37/φ34	φ50/φ24
φ7/φ5.5	φ12/φ5.3	φ16.1/φ14.4	φ22/φ15	φ27/φ10	φ32/φ14	φ38/φ9	φ50/φ26
φ7.2/φ5.6	φ12/φ5.5	φ16.7/φ13.7	φ22/φ16	φ27/φ11	φ32/φ16	φ38/φ11	φ50/φ28
φ7.5/φ2	φ12/φ6	φ17/φ5	φ22/φ17	φ27/φ12	φ32/φ17	φ38/φ14	φ50/φ30
φ7.5/φ4.5	φ12/φ6.2	φ17/φ6.1	φ22/φ18	φ27/φ13	φ32/φ18	φ38/φ16	φ50/φ36
φ7.5/φ5	φ12/φ7	φ17/φ7	φ22/φ19	φ27/φ14	φ32/φ19	φ38/φ18	φ50/φ38
φ7.8/φ4.5	φ12/φ8.3	φ17/φ8	φ22/φ19.6	φ27/φ15	φ32/φ20	φ38/φ20	φ50/φ40
φ7.8/φ5	φ12/φ8	φ17/φ9	φ22/φ19.8	φ27/φ16	φ32/φ22	φ38/φ22	φ50/φ40
φ7.85/φ5.9	φ12/φ9.2	φ17/φ10	φ22/φ20	φ27/φ17	φ32/φ22	φ38/φ24	φ50/φ42
φ7.93/φ5.6	φ12/φ9.3	φ17/φ11	φ22/φ20.2	φ27/φ18	φ32/φ23	φ38/φ25	φ50/φ44
φ8/φ2	φ12/φ9.6	φ17/φ12	φ22.2/φ20.2	φ27/φ20	φ32/φ24	φ38/φ26	
φ8/φ2.8	φ12/φ10	φ17/φ13	φ23/φ8	φ27/φ21	φ32/φ25	φ38/φ27	
φ8/φ3		φ17/φ14			φ32/φ28		
φ8/φ3.5		φ17/φ15					
φ8/φ4		φ17.5/φ11.5					

（a）

图 4-2-5　采购件尺寸

（a）国标铝管现货规格表

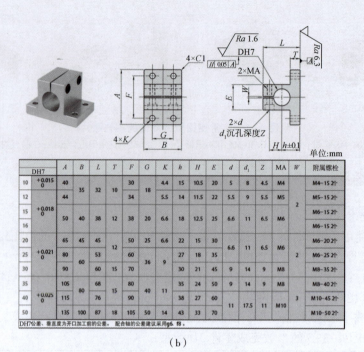

单位：mm

DH7		A	B	L	T	F	G	K	h	H	E	d	d_1	Z	MA	W	附属螺栓
10	+0.015 / 0	40	35	32	10	30	18	4.4	15	10.5	20	5	8	4.5	M4		M4–15 2个
12		44				34		5.5	16	11.5	24	5.5	9	5.5	M5	2	M5–15 2个
15	+0.018 / 0	50	40	38	12	38	20	6.6	18	12.5	25	6.6	11	6.5	M6		M6–15 2个
16																	M6–15 2个
20		65	45	45	12	50	25	6.6	22	15	30	6.6	11	6.5	M6		M6–20 2个
25	+0.021 / 0	80	60	53		60	36	9	27	18	35				M6	2	M6–25 2个
30		90		60	15	70			30	21	45		14	9	M8		M8–35 2个
35		105	80	68		80	40	11	35	24	50	9	14	9	M8		M8–40 2个
40	+0.025 / 0	115		76		90			38	27	60						M10–45 2个
50		135	100	87	18	105	50	14	43	33	70	11	17.5	11	M10		M10–50 2个

DH7公差、垂直度为开口加工前的公差。　配合轴的公差建议采用g6、f8。

（b）

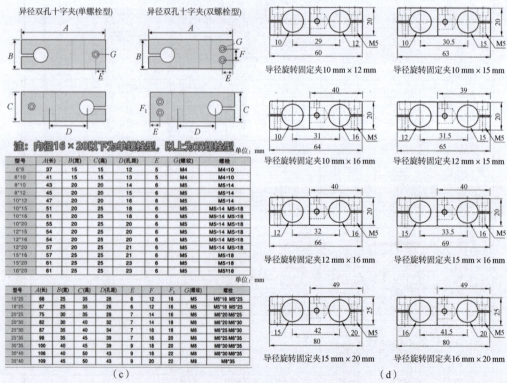

异径双孔十字夹（单螺栓型）　　异径双孔十字夹（双螺栓型）

注：内径16×20以下为单螺栓型，以上为双螺栓型

单位：mm

型号	A(长)	B(宽)	C(高)	D(孔距)	E	G(螺纹)	螺栓
6*8	37	15	15	12	5	M4	M4×10
6*10	41	15	15	13	5	M4	M4×10
8*10	43	20	20	14	6	M5	M5×14
8*12	45	20	20	15	6	M5	M5×14
10*12	47	20	20	16	6	M5	M5×14
10*15	51	20	25	18	6	M5	M5×14 M5×18
10*16	51	20	25	18	6	M5	M5×14 M5×18
10*20	55	20	25	20	6	M5	M5×14 M5×18
12*15	54	20	25	20	6	M5	M5×14 M5×18
12*16	54	20	25	20	6	M5	M5×14 M5×18
12*20	57	20	25	21	6	M5	M5×14 M5×18
15*16	57	20	25	21	6	M5	M5×18
15*20	61	25	25	23	6	M5	M5×18
16*20	61	25	25	23	6	M5	M5×18

单位：mm

型号	A(长)	B(宽)	C(高)	D(孔距)	E	F	F_1	G(螺纹)	螺栓
15*25	68	25	35	28	6	12	16	M5	M5×18 M5×25
16*25	67	25	35	26	6	12	16	M5	M5×18 M5×25
20*25	75	30	35	28	7	14	16	M6	M6×20 M6×25
20*30	82	30	40	32	7	14	18	M6	M6×20 M6×30
25*30	87	35	40	34	7	16	18	M6	M6×25 M6×30
25*35	98	35	45	39	7	16	20	M6	M6×25 M6×30
30*35	100	40	45	39	9	18	20	M8	M8×30 M8×35
30*40	106	40	45	43	9	18	22	M8	M8×30 M8×35
35*40	109	45	50	43	9	20	22	M8	M8×35

（c）

导径旋转固定夹10 mm × 12 mm　　导径旋转固定夹10 mm × 15 mm

导径旋转固定夹10 mm × 16 mm　　导径旋转固定夹12 mm × 15 mm

导径旋转固定夹12 mm × 16 mm　　导径旋转固定夹15 mm × 16 mm

导径旋转固定夹15 mm × 20 mm　　导径旋转固定夹16 mm × 20 mm

（d）

图4-2-5　采购件尺寸（续）

（b）导向轴侧面安装型支座；（c）异径双孔十字夹；（d）导径旋转固定夹

（3）插入工业机器人第六轴法兰和支座，在装配体环境下使用关联参考完成连接块设计，如图4-2-6所示。

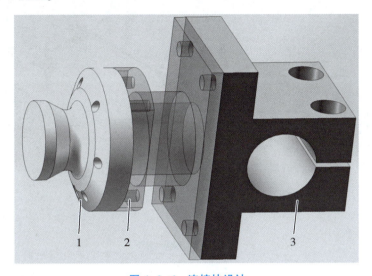

图4-2-6　连接块设计

1—工业机器人第六轴法兰；2—连接块；3—支座

（4）将被拾取物料和建模完成的零件导入装配工程图，如图4-2-7所示。

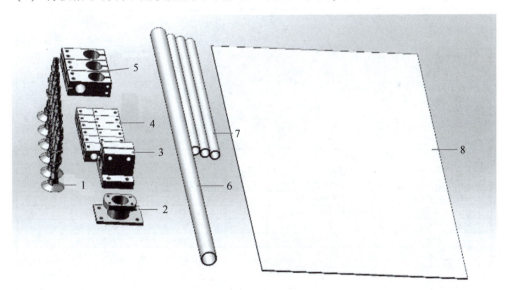

图4-2-7　装配体建模

1—真空吸盘；2—法兰；3—支座；4—异径旋转固定夹；5—异径双孔十字夹；
6—φ30 mm 铝管；7—φ20 mm 铝管；8—被拾取物料

（5）以被拾取物料为基础进行装配，装配结果如图4-2-8所示。

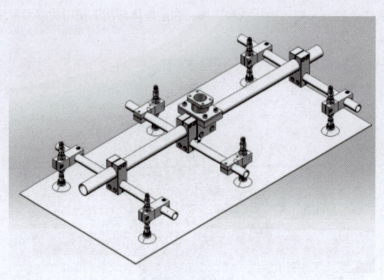

图 4-2-8　装配结果

4.2.3　报价单

参照互联网商家的零部件单价和外协加工询价制订报价单，如图 4-2-9 所示。

产品报价单

报单编号：12345678　　　　　　　　　　　　　　　　　　时间：202X年X月X日

报价方：XX有限责任公司	询价方：XXX有限责任公司
联系人：XXX	联系人：XXX
电话：0123-XXXXXXX	电话：0123-XXXXXXX
传真：0123-XXXXXXX	传真：0123-XXXXXXX
手机：159XXXXXXXX	手机：158XXXXXXXX
E-mail：XXXXXXX@qq.com	E-mail：XXXXXXX@qq.com

以下为贵公司询价产品明细，请详阅；如有疑问，请及时与我司联系，谢谢！

序号	产品名称	规格型号	数量	单位	单价	总价	交货日期	备注
1	6063铝合金管	长800 mm直径30 mm壁厚2 mm	1	根	18.23	18.23	202X/XX/XX	
2	6063铝合金管	长400 mm直径20 mm壁厚2 mm	2	根	11.72	23.44	202X/XX/XX	
3	十字夹	异径双孔15 mm×10 mm	3	个	16	48	202X/XX/XX	
4	旋转型固定夹	360°旋转异径20 mm×15 mm	6	个	36	216	202X/XX/XX	
5	支座	90 mm×60 mm×60 mm	1	个	19	19	202X/XX/XX	
6	吸盘	ZPT40CNJ10-06-A14	6	个	72	432	202X/XX/XX	
7	连接法兰	90 mm×60 mm×35 mm	1	个	49.65	49.65	202X/XX/XX	
8	税点		13	%	0.13	104.82	202X/XX/XX	
9	设计费		1	元	600	600	202X/XX/XX	
10	总计（大写）：壹仟伍佰壹拾壹元壹角肆分							

备注：

(1) 以上报价包含13%增值税

(2) 报价有效期：自报价之日起30个工作日

(3) 结算方式：购货方收到我公司开具发票后15日之内需全部付清

图 4-2-9　报价单示例

 【经验技巧】

（1）先绘制所有图形元素，再充分利用对齐、相切等约束完成设计。

（2）树立成本控制意识，多采用通用件（即能买就不做），减少设计和非标件制造工作量。

（3）报价单注意要含税点和设计、管理费用。

【任务评价】

对学生提交的装配体文件和报价单进行评价，配分权重表如表 4-2-1 所示。

表 4-2-1　配分权重表

序号	考核项目	评价标准	配分	得分
1	工装设计	结构合理、真空吸盘布置合理，每错一处扣 5 分	60	
2	报价单	报价合理、规范，每错一处扣 5 分	20	
3	平时表现	考勤、作业提交	20	

【知识拓展】

钣金设计

4.2.4　钣金零件

在非标设备设计过程中，其外部壳体经常会用到钣金件，因此需要掌握一定的钣金造型工具及设计技巧。

1. 钣金零件的特点

钣金零件是以金属板为原料，通过折、弯、冲、压等工艺实现的一类零件，其最大的特点是零件的壁厚均匀。钣金零件一般可分为以下三类。

（1）平板类：指一般的平面冲裁件。

（2）弯曲类：指由弯曲或弯曲加简单成形方法加工而成的零件。

（3）成形类：指由拉伸等成形方法加工而成的规则曲面类或自由曲面类零件。对于此类钣金零件的展开，SOLIDWORKS 软件需要借助有关插件完成。

如图 4-2-10 所示，这些钣金零件都是由平板毛坯经冲切、折弯或冲压等方式加工出来的，它们与一般机械加工方式加工出来的零件有很大差别。

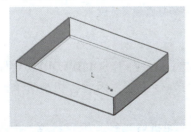

图 4-2-10　钣金零件示例

2. 钣金工具

SOLIDWORKS 软件提供了很多钣金零件中特有的钣金特征命令，包括"基体法兰/薄片""边线法兰"等，利用这些命令，用户可以很方便地完成钣金零件设计，得到钣金零件的应用状态和展开状态。

SOLIDWORKS 软件还提供了建立钣金零件的特有命令，可以选择"插入"→"钣金"命令或在"钣金"选项卡中调用相应命令，如图 4-2-11 所示。

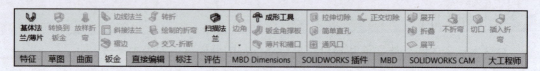

图 4-2-11　"钣金"选项卡

3. 钣金零件的特征管理设计树

钣金零件和普通 SOLIDWORKS 软件零件的不同之处就是钣金零件内部有钣金零件的标识，具有钣金零件的特性。图 4-2-12 所示的钣金零件特征管理设计树中包含"钣金""平板型式"等钣金零件的独有特征。

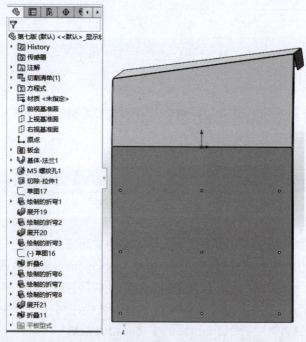

图 4-2-12　钣金零件特征管理设计树

4. 切割清单

切割清单文件夹类似于普通零件的实体文件夹。由于 SOLIDWORKS 软件的钣金零件支持多实体钣金，以实现多个钣金部分之间的焊接工艺，因此，切割清单也可用于工程图中的焊件清单表。

"钣金"属性管理器包含默认的折弯参数，如折弯半径、折弯系数、折弯扣除或释放槽类型，如图 4-2-13 所示。

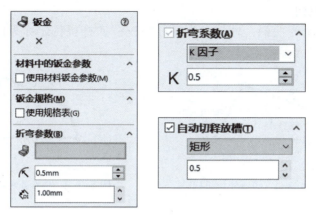

图 4-2-13　钣金零件默认折弯参数

3D 设计完成的钣金零件外观和总体尺寸虽满足使用要求，但要注意在外协生产中，不能直接给定钣金零件展开图，外协厂家还需根据材料及厚度重新调整部分成形工艺参数。

任务 4.3　真空吸盘翻转工装设计

【任务描述】

基于任务 4.2 中的薄板工件双面喷涂时板材翻转的需要，完成基于真空吸盘的翻转机构 3D 设计。

【学习重点】

掌握连杆滑块机构的工作原理，会根据零部件、真空吸盘工装的总质量及质心的相对位置进行设计计算；选用合适的驱动气缸和连杆机构，进行翻转机构的设计；掌握关键零部件的强度计算仿真分析方法；了解布局设计方法。

【知识技能】

4.3.1　连杆机构

1. 铰链四杆机构

构件之间的连接全部是转动副的四杆机构，称为铰链四杆机构。铰链四杆机构是平面四杆机构的基本形式，其他形式的四杆机构都可看作在它的基础上演化而成。图 4-3-1 所示为一铰链四杆机构：固定不动的杆为机架；与机架相连的杆称为连架杆，其中能做整周回转的连架杆称为曲柄，只能在小于 360° 的一定范围内摆动的连架杆称为摇杆；连接两连架杆的杆称为连杆。

2. 铰链四杆机构的基本形式

铰链四杆机构根据连架杆运动形式的不同，可分为曲柄摇杆机构、双曲柄机构和双摇杆机构三种基本形式。

1) 曲柄摇杆机构

两连架杆中一个为曲柄，另一个为摇杆的铰链四杆机构，称为曲柄摇杆机构，如图4-3-2所示。

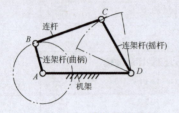 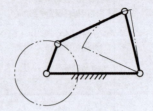

图4-3-1　铰链四杆机构　　　　　　　图4-3-2　曲柄摇杆机构

2) 双曲柄机构

两连架杆均为曲柄时的铰链四杆机构称为双曲柄机构，如图4-3-3所示。在双曲柄机构中，如果两曲柄的长度不相等，则主动曲柄等速回转一周，从动曲柄变速回转一周，如图4-3-4所示的惯性筛。

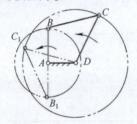 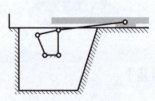

图4-3-3　双曲柄机构　　　　　　　图4-3-4　惯性筛

两曲柄长度相等且连杆与机架的长度也相等，呈平行四边形的双曲柄机构称为平行双曲柄机构。其运动特点是当主动曲柄做等速转动时，从动曲柄会以相同的角速度沿同一方向转动，连杆则做平行移动，如图4-3-5所示。

3) 双摇杆机构

两连架杆均为摇杆时的铰链四杆机构称为双摇杆机构，如图4-3-6所示。B_1C_1D 及 C_2B_2A 是其两个极限位置。在双摇杆机构中，两摇杆可分别为主动件，主动摇杆摆动时，通过连杆带动从动摇杆摆动。

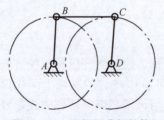 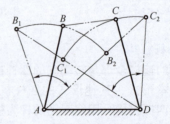

图4-3-5　平行双曲柄机构　　　　　　图4-3-6　双摇杆机构

3. 铰链四杆机构曲柄存在的条件

铰链四杆机构三种基本形式的区别在于连架杆是否为曲柄，下面讨论连架杆成为曲柄的条件。

图 4-3-7 所示为铰链四杆机构的运动过程。

设 $a<d$，若连架杆能整周回转，则必有两次与机架共线，如图 4-3-7（b）、图 4-3-7（c）所示，可得三个不等式，如式（4-6）所示；若运动过程中出现图 4-3-8 所示的四杆共线情况，则式（4-6）的不等式变成等式。

即

$$\left.\begin{array}{l} a+d\leqslant b+c \\ b\leqslant(d-a)+c\,(即\ a+b\leqslant d+c) \\ c\leqslant(d-a)+b\,(即\ a+c\leqslant d+b) \end{array}\right\} \tag{4-6}$$

可得，AB 为最短杆。

设 $a>d$，同理有

$$d\leqslant a,\ d\leqslant b,\ d\leqslant c \tag{4-7}$$

可得，AD 为最短杆。

由以上可知，曲柄存在的条件如下。

（1）最长杆与最短杆的长度之和应不大于其他两杆长度之和，即杆长条件。

（2）连架杆或机架之一为最短杆。

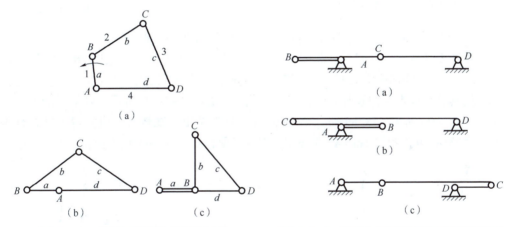

图 4-3-7　铰链四杆机构的运动过程　　图 4-3-8　运动中可能出现的四杆共线情况

根据曲柄存在的条件可得推论如下。

（1）当最长杆与最短杆长度之和不大于其余两杆长度之和时，有如下推论。

① 最短杆为机架时得到双曲柄机构。

② 最短杆的相邻杆为机架时得到曲柄摇杆机构。

③ 最短杆的对面杆为机架时得到双摇杆机构。

（2）当最长杆与最短杆的长度之和大于其余两杆长度之和时，只能得到双摇杆机构。

应指出的是，当铰链四杆机构中最短杆与最长杆长度之和大于其余两杆长度之和时，则不论哪一杆为机架，都不存在曲柄，而只能是双摇杆机构。但要注意，该双摇杆机构与前面的双摇杆机构有本质上的区别，前者双摇杆机构中的连杆能做整周转动，而后者双摇杆机构中的连杆只能做摆动。

4. 转动副转化为移动副

图 4-3-9（a）所示为曲柄摇杆机构。把杆 4 做成环形槽，槽的中心在 D 点，把杆 3

做成弧形滑块，与槽配合，如图4-3-9（b）所示。图4-3-9（a）和图4-3-9（b）所示机构的运动性质等效。若槽的半径无穷大，则变成直槽，转动副变成了移动副，机构演化成偏置曲柄滑块机构，如图4-3-9（c）所示。

图4-3-9（c）中 e 为曲柄中心 A 直至槽中心线的垂直距离，称为偏心距。当 $e=0$ 时，称为对心曲柄滑块机构。因此可以认为，曲柄滑块机构是由曲柄摇杆机构演化而来。

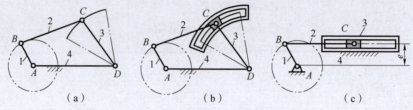

（a）　　　　　　　　　　（b）　　　　　　　　　（c）

图4-3-9　曲柄摇杆机构的演化

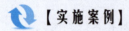【实施案例】

4.3.2　翻转机构零部件设计

翻转机构设计 1

根据以往经验，采用装配体环境下的关联参考设计方法完成设计。

（1）草图设计方案。新建一装配体文件，命名为"翻转机构"，在其中新建零件"设计草图"，进入该零件选择平面开始绘制草图，进行翻转机构原理图设计。设板材宽度为400 mm，使其分别在水平位置和垂直位置，其他尺寸如图4-3-10所示，则最上端伸缩杆长度应分别为270 mm 和318.59 mm；考虑伸缩杆由双作用气缸替代，由此得到气缸行程不小于 $L=$（318.59-270）mm=48.59 mm，因此可取行程为 50 mm 的气缸。

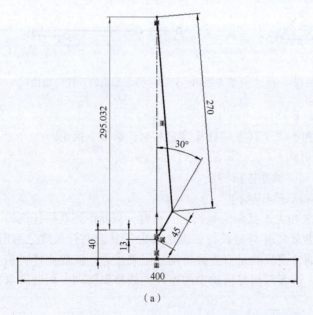
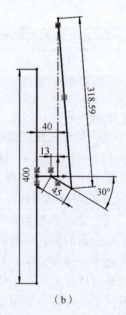

（a）　　　　　　　　　　　　　　　　　（b）

图4-3-10　草图设计

（a）水平位置；（b）垂直位置

（2）预估所用气缸活塞直径为 40 mm，选用 SMC 品牌 CDM2D40-50Z-W-A96 气缸，在其官网上获取 3D 模型文件并添加装配关系后，插入"翻转机构"装配体。

气缸（SMC）3D

（3）在装配体环境下，依次完成其他零部件的建模设计，如图 4-3-11 所示。

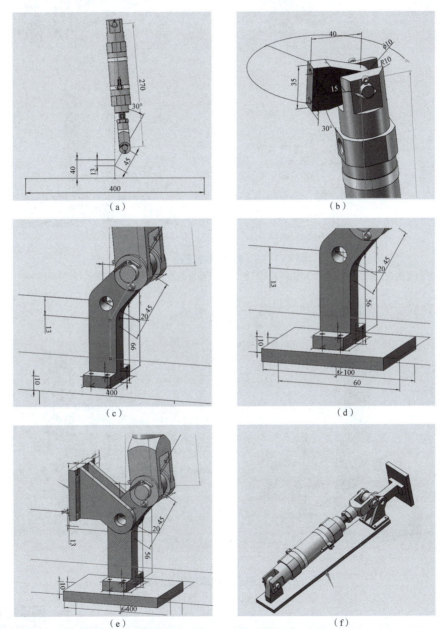

图 4-3-11　翻转机构设计

（a）调入气缸 3D 模型文件；（b）气缸上支座设计；（c）气缸下悬臂①设计；
（d）真空吸盘工装连接块；（e）旋转支座设计；（f）翻转底座设计

――――――――――

① 本书软件中旋臂同悬臂。

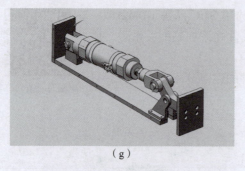
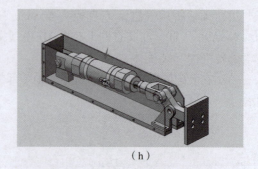

（g）　　　　　　　　　　　　　（h）

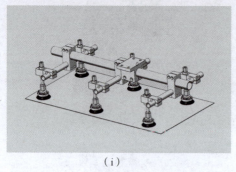
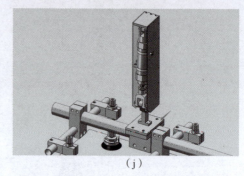

（i）　　　　　　　　　　　　　（j）

图4-3-11　翻转机构设计（续）

（g）翻转机构连接块设计；（h）侧支撑壳体设计；（i）插入垂直端拾器；（j）改进端拾器连接块结构，完成设计

（4）完成后的端拾器工作状态如图4-3-12所示。

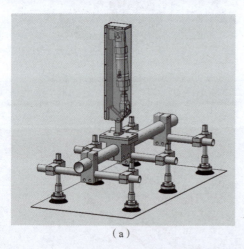
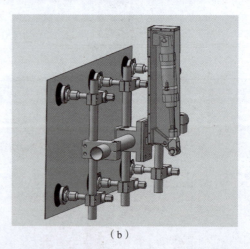

（a）　　　　　　　　　　　　　（b）

图4-3-12　完成后的端拾器工作状态

（a）水平状态；（b）垂直状态

　　以上是基本的设计思路和步骤，对于旋转销轴（可搭配无油衬套或轴承），读者可以自行完成选择和改进设计。

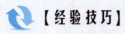【经验技巧】

翻转机构设计2

（1）要准确测得零部件质量，需要对每个3D零件准确进行材料添加，再应用质量属性工具进行质心点的坐标获取。

（2）在需要对受力比较集中的关键零部件进行强度校核分析时，可以先进行简化计算，再在零部件上施加载荷。

 【任务评价】

对学生提交的装配体文件进行评价，配分权重表如表4-3-1所示。

表4-3-1　配分权重表

序号	考核项目	评价标准	配分	得分
1	翻转机构设计	结构合理、能完成90°翻转动作，每错一处扣5分	40	
2	气缸选型	选型计算正确、合理，气缸装配体文件配合添加正确，每错一处扣5分	40	
3	平时表现	考勤、作业提交	20	

【知识拓展】

4.3.3　滑动轴承用无油衬套

无油衬套是一种通过油槽涌油作为润滑剂的高力黄铜轴承。图4-3-13所示为部分无油衬套。该产品具有传统的锡青铜轴承功能，由于采用高力黄铜（ZCuZn25Al6Fe3Mn4）后，它的HB硬度提高了1倍，因此在低速的场合使用该产品，相比一般锡青铜轴承寿命可以延长1倍，而且其承载压力大，能适应重载的场合。

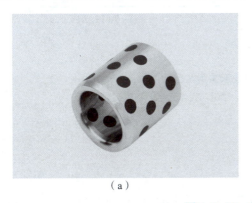　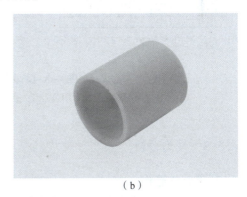

（a）　　　　　　　　　　（b）

图4-3-13　部分无油衬套

（a）铜合金无油衬套；（b）树脂无油衬套

4.3.4　轴承配合

无论是滑动轴承还是滚动轴承，在具体使用过程中，其内圈需要和相应的轴进行配合使用，而外圈需要和相应的壳体进行配合使用，因此，非标设计的轴径和壳体孔径都需要在轴承公差的基础上选用合理的公差，以满足使用要求。

1. 滑动轴承配合

几种机床及通用设备滑动轴承的配合如表4-3-1所示。

表4-3-1　几种机床及通用设备滑动轴承的配合

设备类别	配合
磨床与车床分度头主轴承	H7/g6
铣床、钻床及车床的轴承，汽车发动机曲轴的主轴承及连杆轴承，齿轮减速器及蜗杆减速器轴承	H7/f7
电机、离心泵、风扇及惰齿轮轴的轴承，蒸汽机与内燃机曲轴的主轴承和连杆轴承	H9/f9
农业机械用的轴承	H11/d11
汽轮发电机轴、内燃机凸轮轴、高速转轴、刀架丝杠、机车多支点轴等的轴承	H7/e8

2. 滚动轴承配合

滚动轴承常用配合如图4-3-14所示。

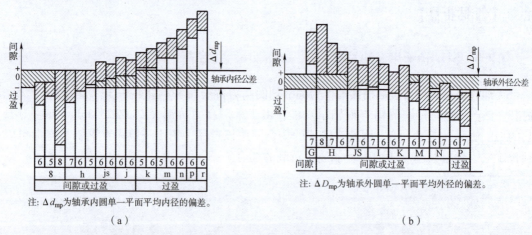

注：Δd_{mp} 为轴承内圆单一平面平均内径的偏差。

（a）

注：ΔD_{mp} 为轴承外圆单一平面平均外径的偏差。

（b）

图4-3-14　滚动轴承常用配合
（a）轴承与轴配合的常用公差带关系；（b）轴承与壳体配合的常用公差带关系

4.3.5　受力分析

1. 质量属性查询

首先在端拾器连接块上表面中心点建立直角坐标系，如图4-3-15（a）所示，利用质量属性工具测量其总质量约为5.95 kg，得到质心点在坐标系中的 Z 轴方向坐标（约112 mm），如图4-3-15（b）所示。如图4-3-15（c）所示，对端拾器连接块表面进行力的位移等效换算

$$F=\left[5.95\times9.8\times186/(186-112)\right]\ N=146.56\ N \qquad (4-8)$$

式中，5.95为端拾器总质量，kg；186为端拾器质心点到旋转中心的距离（取整），mm；112为端拾器质心在 Z 轴方向的坐标，mm。

等效换算后力 F 的作用点如图 4-3-15（d）所示。

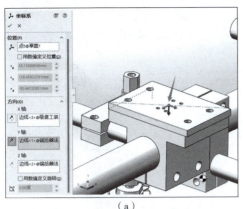
（a）

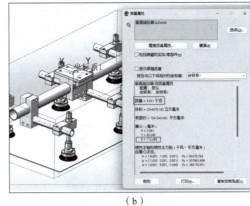
（b）

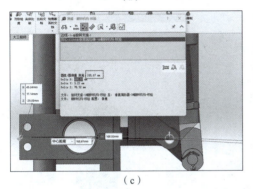
（c）

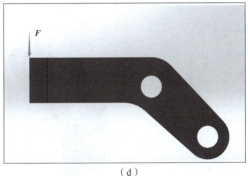
（d）

图 4-3-15　质量属性查询

（a）新建坐标系；（b）质心查询；（c）距离测量；（d）力 F 的作用点

2. 零件受力分析

先添加气缸下悬臂材料普通碳钢，再进行受力分析。考虑运动速度要求不高，选择受力比较大的部位进行静应力分析，操作步骤如图 4-3-16 所示。

受力分析

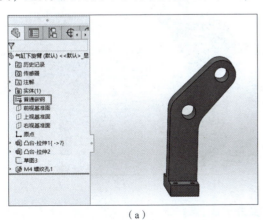
（a）

（b）

图 4-3-16　静应力分析操作步骤

（a）添加材料；（b）材料属性

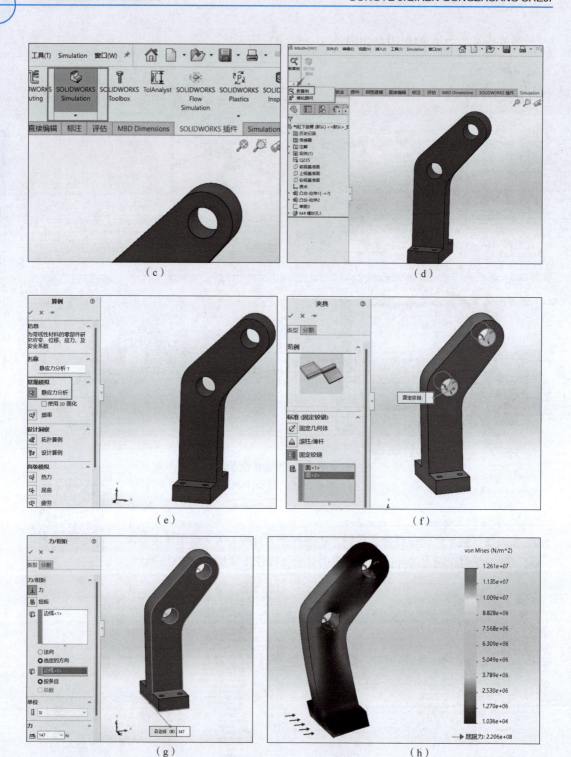

图 4-3-16　受力分析（续）
（c）分析插件激活；（d）新建算例；（e）静应力分析；（f）添加夹具；
（g）添加力；（h）应力模拟结果

从分析结果可以看出，其最大应力为 12.61 MPa，远小于其屈服力 220.6 MPa，满足使用要求。

4.3.6 布局设计

在产品设计中，一般都是从整体布局开始，所以可以用 SOLIDWORKS 软件中的布局功能，绘制一个或多个草图，用草图显示每个装配体零件的位置，然后在生成零件之前建立和修改设计。另外，还可以随时使用布局草图在装配体中进行变更。使用布局草图设计装配体最大的好处就是如果更改了布局草图，则装配体及其零件也会自动随之更新，仅需要改变一处即可快速完成修改。

布局设计的基本流程为绘制草图→生成块→添加约束→插入到新零件→零件设计。

以四连杆机构为例介绍布局设计的步骤。

（1）打开一个新装配体，单击"生成布局"按钮生成布局，如图 4-3-17 所示。也可在装配体界面下选择"布局"→"生成布局"命令，系统会自动启动前视基准面进入布局草图的绘制。需要切换至上视基准面或者自定义基准面时，在特征管理设计树中右击"上视基准面"节点，在弹出的快捷菜单中选择"基准面上的 3D 草图"命令即可，如图 4-3-18 所示。

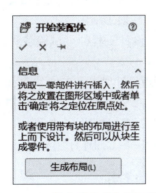

图 4-3-17 单击"生成布局"按钮

图 4-3-18 切换基准面

（2）选择"直线"命令开始绘制四连杆中心线段。首先绘制一个长度为 100 mm 的水平线段，然后选择此线段与所属尺寸，在弹出的快捷菜单中单击"制作块"按钮，如图 4-3-19 所示。

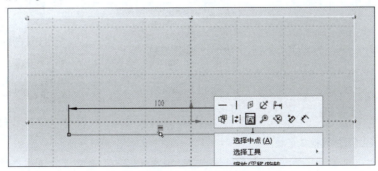

图 4-3-19 "制作块"按钮

（3）将"块1"左端点和原点重合，并添加水平约束，如图4-3-20所示。

图 4-3-20　添加水平约束

（4）依次绘制首尾相连的其他三条线段，长度分别为 80 mm、50 mm、60 mm。按照以上操作方式制作块 2-1、块 3-1、块 4-1，如图 4-3-21 所示。

注意：以布局草图造型机械装置的好处是机械设计工程师可试验各种设计方案的速度和灵活性。

（5）将此装配体命名为"四连杆"。在特征管理设计树中右击"块 1-1"节点，在弹出的快捷菜单中选择"从块制作零件"命令，如图 4-3-22（a）所示，也可选择"布局"→"从块制作零件"命令，根据需要设置为"在块上"或"投影"，如图 4-3-22（b）所示，此处单击"在块上"按钮，生成内部虚拟零件"块 1-1-1^四连杆"。

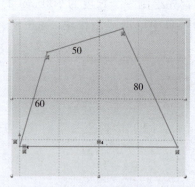

图 4-3-21　依次添加其他 3 个块

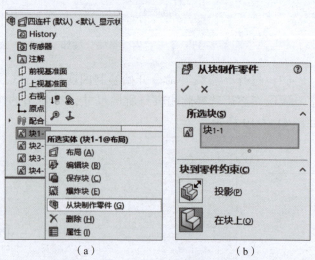

（a）　　　　　　　　　（b）

图 4-3-22　从块制作零件
（a）选择"从块制作零件"命令；（b）单击"在块上"按钮

（6）重复上述操作将所有的块生成连杆零件，此时零件为内部虚拟零件，将各连杆重命名后保存为外部零件，分别为杆1、杆2、杆3与杆4，如图4-3-23所示。

（7）单独打开杆1零件进行编辑，选择前视基准面创建草图，绘制直槽口，并设置槽口线段端点和布局草图中的线段端点重合；再绘制两个大小相等的圆来创建连接孔；分别标注圆直径和圆弧半径为6 mm，如图4-3-24所示。

图4-3-23　全部生成连杆零件

（8）拉伸此槽口，拉伸深度为4 mm，完成杆1模型的创建，如图4-3-25所示。保存并关闭杆1编辑窗口，回到四连杆装配体界面。

（9）以此类推，依次完成杆2、杆3及杆4模型的创建，连杆宽度和连接孔均与杆1模型相关线段添加相等的关系。创建杆2、杆4模型时，拉伸时选择与杆1相反方向。完成后的整个四连杆如图4-3-26所示。

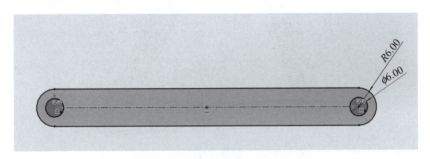

图4-3-24　绘制直槽口并标注尺寸

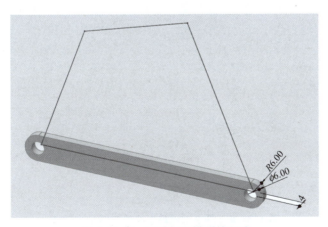

图4-3-25　完成杆1模型的创建

（10）编辑布局草图中的杆1所在的"块1-1"，将其线段长度由100 mm变为110 mm，更新模型后发现杆1零件两连接孔之间的尺寸也随之变为110 mm，如图4-3-27所示。

（11）进一步验证，调整连接孔的直径大小，将其从6 mm变更为5 mm，检查所有的杆的连接孔是否都会随之变化，如图4-3-28所示。

图 4-3-26　完成后的整个四连杆

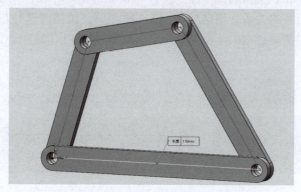

图 4-3-27　零件尺寸随块尺寸更改

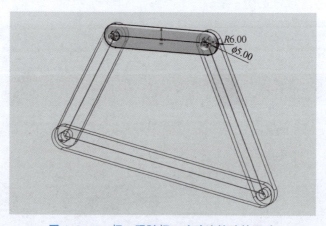

图 4-3-28　杆 2 跟随杆 1 改动连接孔的尺寸

四连杆草图
关联设计

　　使用布局草图创建关联模型，可以将块直接生成零件，操作相对比较简单，容易理解，但布局草图只限于由装配体插入零件级别的设计，适用于零件较少而且参考关系不太复杂的设计。如果有大型装配体，需要进行部件级别的设计（即插入子装配体）时，则推荐使用关联参考设计方式创建。

项目 5　桁架式机械手设计

项目导读

桁架式机械手是一种建立在直角坐标系基础上，对工件进行工位切换或实现工具或工件轨迹运动功能的自动化工业设备。一般其控制是通过工业控制器（如 PLC、运动控制、单片机等）实现的。工业控制器对各种输入（各种传感器、按钮等）信号进行分析处理，作出一定的逻辑判断后，对各个输出元件（继电器、电机驱动器、指示灯等）下达执行命令，完成 X 轴、Y 轴、Z 轴三个坐标轴之间的联合运动，以实现自动化作业。三坐标轴桁架式机械手示意如图 5-0-1 所示。

图 5-0-1　三坐标轴桁架式机械手示意

学习目标

	知识目标	能力目标	素养目标
学习目标	1. 了解直角坐标系下机械手基本结构 2. 了解直线运动系统常用模组、线轨等零部件 3. 了解连接件的关联参考设计方法 4. 了解滚珠丝杠等复合运动部件的构成 5. 了解伺服电机选型的步骤	1. 会合理确定桁架式机械手的设计方案 2. 能理解线性模组基本参数的意义并能合理选用 3. 能正确使用关联参考设计方法进行连接件的设计 4. 会调用伺服电机 3D 模型文件 5. 能正确完成滚珠丝杠复合运动结构的设计	1. 培养团队合作及沟通意识，确定项目方案 2. 具备自主查找产品资料的能力 3. 具备借鉴现有案例设计结构的能力

项目 5 知识技能图谱如图 5-0-2 所示。

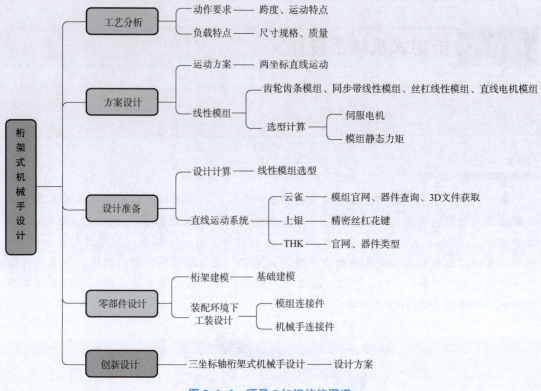

图 5-0-2　项目 5 知识技能图谱

实施建议

1. 实施条件建议

地点：多媒体机房。

设备要求：能够运行 SOLIDWORKS 2022 软件的台式计算机，每人 1 台。

2. 课时安排建议

20 学时。

3. 教学组织建议

学生每 2~3 人组成一个小组，每小组设组长 1 名，在教师的指导下，采用项目导向、任务驱动的方式，根据要求完成设计任务。

任务 5.1　两坐标轴桁架式机械手设计

【任务描述】

图 5-1-1 所示为钣金平板双面自动喷涂翻转转运所需的桁架式机械手设计方案。

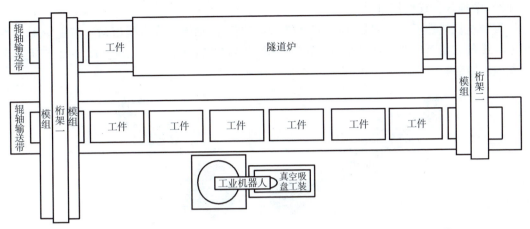

图 5-1-1　钣金平板双面自动喷涂翻转转运所需的桁架式机械手设计方案

【学习重点】

熟悉常用两坐标轴桁架式机械手布局和常用线性模组的结构特点；掌握伺服电机选型计算方法；会选用合适的模组组成桁架式机械手运动坐标轴；能灵活运用装配体下的关联参考设计方法完成对各部分连接件的设计。

【知识技能】

直线模组 3D
转存及配合

5.1.1　常用线性模组

1. 线性模组

1）齿轮齿条模组

齿轮齿条模组一般由伺服电机通过减速器驱动齿轮沿齿条啮合运动，其运动部件固定在滑块上，沿线轨做直线运动。图 5-1-2 和图 5-1-3 所示分别为直齿齿轮齿条模组和斜齿齿轮齿条模组。

图 5-1-2　直齿齿轮齿条模组

图 5-1-3　斜齿齿轮齿条模组

2）同步带线性模组

同步带线性模组由伺服电机通过减速器驱动同步带轮旋转，由同步带带动与其相连的零部件和滑块沿线轨运动，其精度的高低取决于同步带的质量和组合件的加工与装配精度，同步带线性模组一般不用于高负载高精度要求的直线运动。图 5-1-4 所示为同步带线性模组。

3）滚珠丝杠线性模组

滚珠丝杠线性模组由伺服电机通过联轴器将回转运动转化为直线运动，广泛应用于各种工业设备和精密仪器，可以在高负载的情况下实现高精度的直线运动。图 5-1-5 所示为滚珠丝杠线性模组。

图 5-1-4　同步带线性模组　　　图 5-1-5　滚珠丝杠线性模组

4）直线电机模组

直线电机模组可搭载多个动子，接受行程定制，在拼接情况下可达 20 m 或 30 m；同一个轨道上可搭载多个动子，每个动子独立运动，相互不干涉；运行速度更快，可达 4 m/s；小尺寸、大推力，最大推力可达 4 000 N。图 5-1-6 所示为直线电机模组。直线电机模组运行推力、速度稳定性非常好，波动可控制在 2% 以内；可用于高频往复的寿命测试，在 4 mm 有效行程内，1 s 可以往复 15 次；重复运动精度超高，常规精度在 ±1 μm 左右，最高精度可达 ±0.1 μm。

图 5-1-6　直线电机模组

常见的线性模组品牌公司有日本 THK 公司，以及中国上银科技股份有限公司和苏州云雀机器人科技有限公司（以下简称云雀）等，其中直线运动系统的零部件供应商以日本 THK 为最优选择，但越来越多的国产品牌也正在迅速崛起。

2. 线性模组选型原则

线性模组按照使用环境不同，可以分为半封闭线性模组和全封闭线性模组，半封闭线性模组常用在一般环境，全封闭线性模组常用在洁净环境。

线性模组的选型必须考虑以下几点。

（1）负载，即模组负载大小。

（2）有效行程，即从一端运动到另一端的行程大小。

（3）运动精度，即重复运动精度大小。

（4）直线运动速度。

（5）使用环境，如是在一般环境还是洁净环境下使用。

（6）安装方式，分为水平安装、墙面安装和垂直安装。

（7）当负载质量较大或垂直使用时，建议采用滚珠丝杠线性模组。

（8）有效行程要比实际大 50 mm 左右，以预留扩大的空间。

（9）若对精度的要求不高，在对速度要求为快速时可选择同步带线性模组。

（10）在对精度要求很高时，可以选用研磨丝杠，一般精度可以达到 ±0.005 mm；若有更高要求，可以选用直线电机模组，其精度可以达到更高。

5.1.2 伺服电机选型

1. 伺服电机选型原则

不同型号伺服电机的参数均有额定转矩、最大转矩及伺服电机惯量等，各参数与负载转矩及负载惯量间具有相关联系；选用伺服电机的输出转矩应符合负载机构的运动要求，如加速度大小、机构的质量、机构的运动方式（水平、垂直旋转）等；运动条件与伺服电机输出功率无直接关系，但是一般伺服电机输出功率越高，相对输出转矩也越高。因此不但机构质量会影响伺服电机的选用，运动条件也会改变伺服电机的选用。惯量越大，需要的加速及减速转矩越大，加速及减速时间越短，需要的伺服电机输出转矩越大。图 5-1-7 所示为伺服电机及驱动器。

图 5-1-7 伺服电机及驱动器

伺服电机总体选型原则如下。

（1）连续工作扭矩<伺服电机额定扭矩。

（2）瞬时最大扭矩<伺服电机最大扭矩（加速时）。

（3）负载惯量<3 倍电机转子惯量。

（4）连续工作速度<电机额定转速。

2. 伺服电机选型案例

图 5-1-8 所示为伺服电机直联螺杆驱动。已知：负载质量 $M = 200$ kg，螺杆螺距 $P_B = 20$ mm，螺杆直径 $D_B = 50$ mm，螺杆质量 $M_B = 40$ kg，摩擦因数 $\mu = 0.2$，机械效率 $\eta = 0.9$，负载移动速度 $v = 30$ m/min，全程移动时间 $t = 1.4$ s，加减速时间 $t_1 = t_3 = 0.2$ s，$t_2 = 0.3$ s。请选择满足负载需求的最小功率伺服电机。

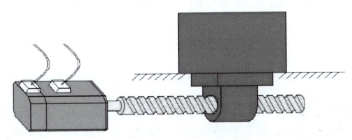

图 5-1-8 伺服电机直联螺杆驱动

（1）计算折算到电机轴上的负载惯量。

① 负载折算到电机轴上的转动惯量

$$J_W = M(P_B/2\pi)^2 = [200\times(2/6.28)^2]\ \text{kg}\cdot\text{cm}^2 = 20.29\ \text{kg}\cdot\text{cm}^2$$

② 螺杆转动惯量

$$J_B = M_B D_B^2/8 = (40\times25/8)\ \text{kg}\cdot\text{cm}^2 = 125\ \text{kg}\cdot\text{cm}^2$$

总负载惯量　　　　　　　　　$J_L = J_W + J_B = 145.29\ \text{kg}\cdot\text{cm}^2$

（2）计算电机转速。

电机所需转速　　　$N = v/P_B = (30/0.02)\ \text{r}\cdot\text{min}^{-1} = 1\,500\ \text{r}\cdot\text{min}^{-1}$

（3）计算电机驱动负载所需要的扭矩。

① 克服摩擦力所需转矩

$$T_f = Mg\mu P_B/(2\pi\eta) = [200\times9.8\times0.2\times0.02/(2\pi\times0.9)]\ \text{N}\cdot\text{m}$$
$$= 1.387\ \text{N}\cdot\text{m}$$

② 负载加速时所需转矩

$$T_{A1} = MaP_B/(2\pi\eta) = [200\times(30/(60\times0.2))\times0.02/(2\pi\times0.9)]\ \text{N}\cdot\text{m}$$
$$= 1.769\ \text{N}\cdot\text{m}$$

式中，a 为重物加速度，$a = V/(60t_1)$。

③ 螺杆加速时所需要转矩

$$T_{A2} = J_B\alpha/\eta = J_B(N\cdot2\pi/(60t_1))/\eta = [0.012\,5\times(1\,500\times6.28/(60\times0.2))/0.9]\ \text{N}\cdot\text{m}$$
$$= 10.903\ \text{N}\cdot\text{m}$$

式中，α 为角加速度，$\alpha = N\cdot2\pi/(60t_1)$。

加速所需总转矩　　　　　　$T_A = T_{A1} + T_{A2} = 12.672\ \text{N}\cdot\text{m}$

④ 计算瞬时最大扭矩：

加速扭矩　　　　　　　　　$T_a = T_A + T_f = 14.059\ \text{N}\cdot\text{m}$

匀速扭矩　　　　　　　　　$T_b = T_f = 1.387\ \text{N}\cdot\text{m}$

减速扭矩　　　　　　　　　$T_c = T_A - T_f = 11.285\ \text{N}\cdot\text{m}$

实效扭矩

$$T_{rms} = \text{sqrt}[(T_a^2 t_1 + T_b^2 t_2 + T_c^2 t_3)/(t_1+t_2+t_3)]$$
$$= \text{sqrt}[(14.059\,2\times0.2+1.387\,2\times1+11.285^2\times0.2)/(0.2+1+0.2)]\ \text{N}\cdot\text{m}$$
$$= \text{sqrt}[(39.531+1.924+25.47)/1.4]\ \text{N}\cdot\text{m}$$
$$= 6.914\ \text{N}\cdot\text{m}$$

（4）选择伺服电机。

伺服电机额定扭矩 $T > T_f$（1.387 N·m），且 $T > T_{rms}$（6.914 N·m）。

伺服电机最大扭矩 $T_{max} > T_f + T_A$（14.059 N·m）。

最后，选定台达 ECMA-E31820ES 电机（额定扭矩为 9.55 N·m，最大扭矩为 28.65 N·m）。

5.1.3　常见两坐标轴桁架式机械手

两坐标轴桁架式机械手多采用线性模组搭建，在行程较大时，横向传动多采用齿轮齿条模组，垂直轴视负载大小不同采用同步带或滚珠丝杠线性模组，当工作位置相对固定时也可采用气缸驱动，图 5-1-9 和图 5-1-10 所示分别为两坐标轴桁架式机械手和两坐标轴桁架双工位式机械手。

图 5-1-9　两坐标轴桁架式机械手

图 5-1-10　两坐标轴桁架双工位式机械手

【实施案例】

5.1.4　两坐标轴桁架式机械手设计

1. 设计方案

结合车间现场横轴跨度，参照现有框架式机械手结构，选择用铝型材（见图 5-1-11、图 5-1-12）搭建主桁架，两坐标轴运动分别采用云雀机器人封闭式同步带线性模组（横轴）和封闭式丝杠线性模组（纵轴），如图 5-1-13 和图 5-1-14 所示。

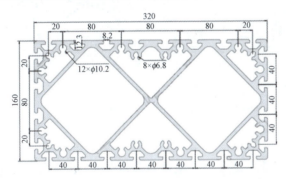

图 5-1-11　160320 铝型材截面（上海尚迪）

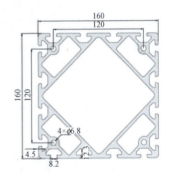

图 5-1-12　160160 铝型材截面（上海尚迪）

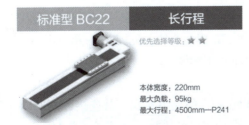

图 5-1-13　封闭式同步带线性模组（苏州云雀）

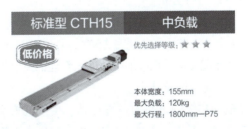

图 5-1-14　封闭式丝杠线性模组（苏州云雀）

2. 零部件设计

1）龙门框架设计

用上述铝型材搭建框架，为保证整体刚度，需要用铝板材设计连接件和地脚。框架设计如图 5-1-15 所示。

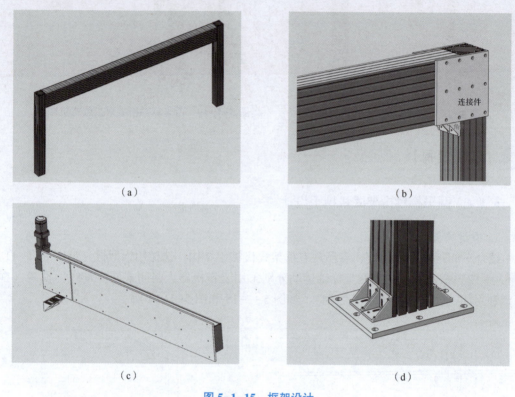

（a）　　　　　　　　　　　　　　（b）

（c）　　　　　　　　　　　　　　（d）

图 5-1-15　框架设计

（a）铝型材框架；（b）连接件设计；（c）底板设计；（d）地脚设计

2）模组选择

（1）首先查阅苏州云雀模组样本手册，重点关注电机功率和模组三个方向承受的最大弯矩。注意，此处需要简要核算所选模组的抗弯能力，方法是先对由模组驱动的所有零部件的 3D 模型文件进行材料添加，获取其质量属性和质心坐标，再进行负载力矩的计算，读者可以自行分析。

（2）分别下载 CTH15 型丝杠线性模组（工作行程为 600 mm）和 EC22 型同步带线性模组（2 个，工作行程分别为 2 500 mm、1 500 mm）的 3D 模型文件（见图 5-1-16~图 5-1-19），在对其装配关系进行添加后，插入新建的总装配体文件继续设计。

3）连接件设计

横轴和纵轴之间的垂直运动，由空间两个相互垂直的模组实现，其连接件的设计（见图 5-1-20（a））也是本项目的核心设计任务，设计完成的连接件必须易于装配。

生产线另一侧的模组，读者可以自行设计。完成装配示意图如图 5-1-20（h）所示。

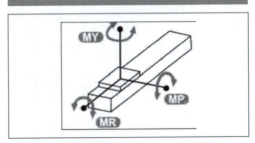

基本参数 The basic parameters				
电机功率(W) Motor power(w)	400W/750W			
电机转速 Motor Speed(rpm)	*3000			
滚珠丝杆导程-螺距 Ball Lead(mm)	5	10	20	40
最高速度 Maximum Payload(mm/s)	250	500	1000	2000
水平负载 Horizontal load	120	110/120	75/83	22/43
垂直负载 Vertical load	40/55	30/50	14/25	7/12
额定推力 Rated thrust(n)	1388/2553	694/1281	347/640	174/320
行程范围 Range of travel(mm)	50–1800MM/50行程递增			
丝杆外径 Screw diameter(mm)	*Ø20(Ø25)			Ø20
重复位置精度 Repeatability(mm)	C7(C)	±0.01		
	C5(P)	±0.006		
联轴器 coupling	12x14(400W)/12x19(750W)			
感应器 sensce	EE-SX674(NPN)			

*电机加减速度时间为0.2S. motor speed is 0.2S.

图 5-1-16 CTH15 型丝杠线性模组基本参数

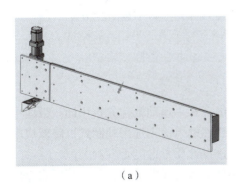

MY	920（N.M）
MP	920（N.M）
MR	1465（N.M）

图 5-1-17 CTH15 型丝杠线性模组静态力矩

基本参数 The basic parameters				
电机功率(W) Motor power(w)	750W			
电机转速 Motor Speed(rpm)	*3000			
滚珠丝杆导程-螺距 Ball Lead(mm)	5	10	25	40
最高速度 Maximum Payload(mm/s)	250	500	1250	2000
水平负载 Horizontal load	150	150	105	43
垂直负载 Vertical load	80	60	22	13
额定推力 Rated thrust(n)	2553	1281	600	320
行程范围 Range of travel(mm)	50–2000MM/50行程递增			
丝杆外径 Screw diameter(mm)	*Ø25			Ø20
重复位置精度 Repeatability(mm)	C7(C)	±0.01		
	C5(P)	±0.006		
导轨规格 Guide specification	W23XH18-2支			
联轴器 coupling	16x19			12x19
感应器 sensce	EE-SX674(NPN)			

*电机加减速度时间为0.2S. motor speed is 0.2S.

图 5-1-18 EC22 型同步带线性模组基本参数

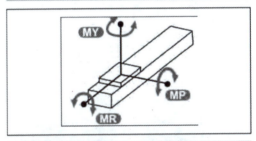

MY	2050（N.M）
MP	2050（N.M）
MR	1810（N.M）

图 5-1-19 EC22 型同步带线性模组静态力矩

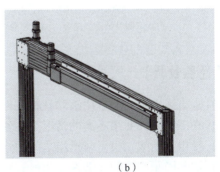

（a）   （b）

图 5-1-20 整体设计

（a）连接件的设计；（b）横轴模组装配

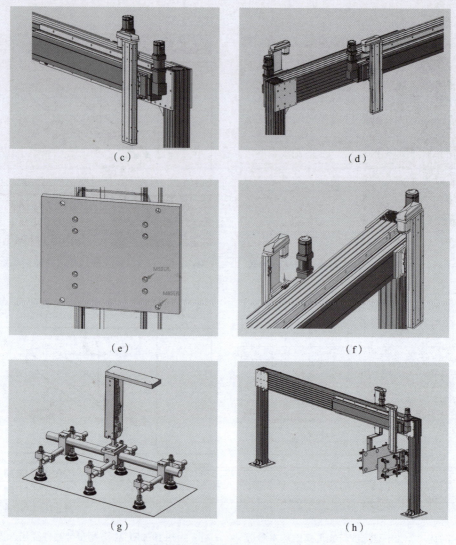

图 5-1-20　整体设计（续）

（c）一侧纵轴模组装配；（d）另一侧纵轴模组装配；（e）纵轴模组连接板；
（f）双侧纵轴模组连接；（g）带翻转机构真空吸盘工装；（h）完成装配示意

🔄【经验技巧】

（1）垂直运动轴一般选用滚珠丝杠线性模组，水平运动轴优先选用同步带线性模组。

（2）在工作条件要求不高的情况下，丝杠线性模组优先选用轧制式以降低成本。

（3）模组与桁架、模组与模组之间的连接件设计要考虑能否顺利装配。

（4）适时隐藏遮挡的零部件，将所有零部件显示为线框形式，可顺利抓取零件上相配的孔位点。

🔄【任务评价】

对学生提交的装配体文件进行评价，配分权重表如表 5-1-1 所示。

表 5-1-1　配分权重表

序号	考核项目	评价标准	配分	得分
1	桁架设计	结构合理、连接件设计正确，每错一处扣 5 分	30	
2	模组选用	选型正确，固定、连接合理，每错一处扣 5 分	50	
3	平时表现	考勤、作业提交	20	

 【知识拓展】

5.1.5　THK 公司开发的运动部件

1. THK 公司简介

日本 THK 公司致力于开发、生产并提供包括 LM 滚动导轨、滚珠花键、滚珠丝杠、电动智能组合单元等在内的机械元件，是工业自动化领域运动部件优质供应商，其产品具有高精度、高刚性、高速度性能等特点，广泛应用于机床、工业机器人、半导体设备等领域。另外，THK 公司还开发、生产和销售各种机电整合装置、汽车零件及防震系统。THK 公司官网为 https：//www.thk.com。

2. 部分运动部件

THK 公司开发的部分运动部件如图 5-1-21 所示。

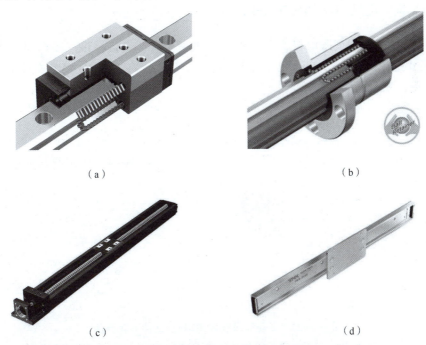

（a）　　　　　　　　　　　　　　　（b）

（c）　　　　　　　　　　　　　　　（d）

图 5-1-21　THK 公司开发的部分运动部件

（a）LM 滚动导轨；（b）滚珠花键；（c）LM 滚动导轨智能组合单元；（d）板式导轨

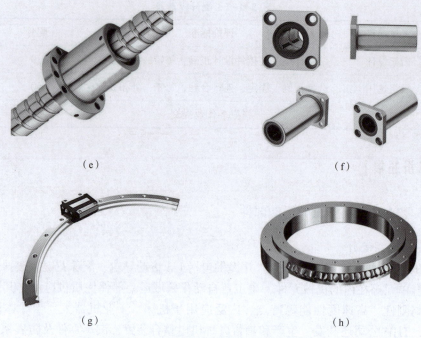

（e）　　　　　　　　　　　　　　（f）

（g）　　　　　　　　　　　　　　（h）

图 5-1-21　THK 公司开发的部分运动部件（续）
（e）滚珠丝杠；（f）滚珠导套；（g）弧形导轨；（h）轴环

5.1.6　伺服电机 3D 模型文件获取

以日本三菱公司的伺服电机为例，确定电机型号后，直接登录三菱电机自动化（中国）有限公司官网（https：//www. mitsubishielectric-fa. cn）进行 3D 模型文件下载。下载步骤如图 5-1-22 所示。

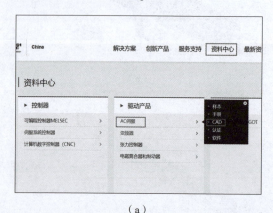

（a）

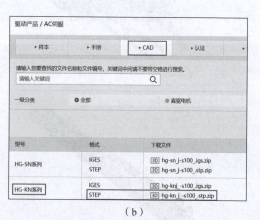

（b）

图 5-1-22　三菱伺服电机 3D 模型文件下载步骤
（a）在"资料中心"页面选择"AC 伺服"→"CAD"命令；（b）找到所需伺服电机型号

✓ SldWorks 2022 Application			
hg-kn13bj_-s100_	2017/11/21 21:49	SldWorks 2022 ...	
hg-kn13j_-s100_	2017/11/21 21:49	SldWorks 2022 ...	
hg-kn23bj_-s100_	2017/11/21 21:49	SldWorks 2022 ...	
hg-kn23j_-s100_	2017/11/21 21:49	SldWorks 2022 ...	
hg-kn43bj_-s100_	2017/11/21 21:49	SldWorks 2022 ...	
hg-kn43j_-s100_	2017/11/21 21:49	SldWorks 2022 ...	
hg-kn73bj_-s100_	2017/11/21 21:49	SldWorks 2022 ...	
hg-kn73j_-s100_	2017/11/21 21:49	SldWorks 2022 ...	

（c）

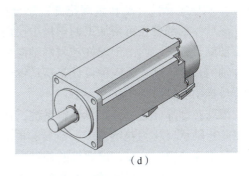

（d）

图 5-1-22　三菱伺服电机 3D 模型文件下载步骤（续）

（c）下载解压；（d）伺服电机 3D 模型文件

任务 5.2　桁架式焊接机械手创新设计

【任务描述】

基于图 5-2-1 所示的 PBSA-25 丝杠花键，选用合适的线性模组，完成一款桁架式焊接机械手创新设计（四轴，末端可上下移动和旋转，行程自行拟定）。

图 5-2-1　PBSA-25 丝杠花键

【学习重点】

熟悉常用三坐标轴桁架式焊接机械手布局和丝杆花键结构运动特点；选用合适的伺服电机和减速器，设计合理的同步带驱动机构；完成桁架式焊接机械手的设计方案；熟练掌握装配体环境下的关联参考零部件设计方法。

【知识技能】

5.2.1　精密丝杠花键

丝杠花键是一种结合了滚珠丝杠和旋转滚珠花键的组合结构，通过将驱动元件（滚珠丝杠）和导向元件（旋转滚珠花键）结合在一起，提供线性和旋转运动及螺旋运动。

　　滚珠丝杠部分在精密加工的螺母中使用循环钢球将负载驱动到精确位置。它通常由电机驱动旋转螺杆，而由于丝杠被限制轴向移动，因此运动被传递到滚珠螺母，滚珠螺母沿丝杠轴的长度移动。另一种设计是从动螺母型，其螺母通过电机转动而丝杠保持静止，允许螺母推动丝杠沿轴向移动。

　　滚珠花键部分是一种直线导轨系统，在其沿轴的长度上精确加工了花键槽，这些凹槽可以防止轴承（称为花键螺母）旋转，同时允许滚珠花键传递扭矩。标准滚珠花键的变体是旋转滚珠花键，它在花键螺母的外径上增加了一个旋转元件，如齿轮、交叉滚子或角接触球轴承，允许滚珠花键做线性和旋转运动。

5.2.2　常见三坐标轴机械手方案

　　三坐标轴机械手多采用线性模组搭建，主要有悬臂式、桁架式两种典型结构，如图 5-2-2 所示。

（a）　　　　　　　　　　　　　　　　（b）

图 5-2-2　三坐标轴机械手的典型结构
（a）悬臂式；（b）桁架式

【实施案例】

　　参考 5.2.3 节的案例，完成桁架式焊接机械手创新设计。这里只给出粗略的设计方案，读者可以自行选用其他形式的运动部件，或采用其他设计方案。

5.2.3　桁架式焊接机械手设计

桁架式焊接机械手方案设计如图 5-2-3 所示。

1. 龙门框架
龙门框架采用钢管焊接，但模组固定平面需要在焊接后再进行精加工。

2. X-Y 轴运动
X-Y 轴运动采用同步带线性模组实现，必须设计连接件。

3. 垂直 Z 轴、绕 Z 轴旋转运动
垂直 Z 轴和绕 Z 轴的旋转运动由丝杠花键自身完成，在此选用 2 个伺服电机通过行星减速器驱动同步带轮和同步带，分别带动螺母和丝杠的旋转形成合成运动。

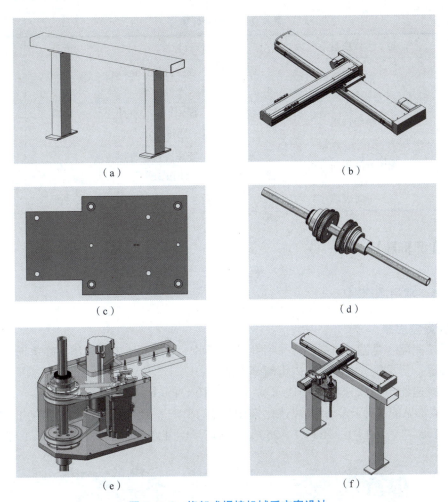

（a）　　　　　　　　　　　　　　　　　（b）

（c）　　　　　　　　　　　　　　　　　（d）

（e）　　　　　　　　　　　　　　　　　（f）

图 5-2-3　桁架式焊接机械手方案设计

（a）钢管桁架；（b）*X-Y* 轴同步带线性模组；（c）*X-Y* 轴同步带线性模组连接件；（d）同步带轮驱动；
（e）伺服电机与减速器驱动机构；（f）总体方案

4. 固定壳体

为减小质量，选用铝板材设计，包含上下固定板、侧固定板、电机减速器固定块、加强板等，以上零件均采用装配体环境下的关联参考设计完成。

🔄 【经验技巧】

（1）先绘制所有图形元素，再充分利用对齐、相切等约束完成设计。

（2）把尺寸也当作一种约束，绘制第一个图形元素时最好添加尺寸约束，以便限定图形显示大小，使其保持在图形区域内。

（3）可以灵活应用草图中的"点"命令，捕捉不易选中的图形元素象限点、圆心等。

（4）养成习惯，把所有图形元素都充分约束，以全部显示为黑色为准。

🔄 【任务评价】

对学生提交的装配体文件进行评价，配分权重表如表 5-2-1 所示。

表5-2-1　配分权重表

序号	考核项目	评价标准	配分	得分
1	桁架设计	结构合理、连接件设计正确，每错一处扣5分	10	
2	模组选用	选型正确，固定、连接合理，每错一处扣5分	30	
3	旋转升降驱动机构	选型正确，固定、连接合理，每错一处扣5分	40	
4	平时表现	考勤、作业提交	20	

【知识拓展】

5.2.4　常用减速器

1. 行星减速器

行星减速器（见图5-2-4）是一种用途广泛的工业产品，主要作用是降速增扭，内部主要有轴承、行星轮、太阳轮、内齿圈等零部件。

行星减速器单级减速比范围通常为3：1～10：1，其中3：1、4：1、5：1、7：1、10：1是最常见的减速比；多级减速比常用的有15：1、22：1、33：1、57：1、75：1、110：1、130：1、160：1、200：1、250：1、315：1、400：1、500：1、630：1等。

（a）　　　　　　　　　　　　　　　（b）

（c）　　　　　　　　　　　　　　　（d）

图5-2-4　常用行星减速器

（a）行星减速器；（b）行星传动机构；（c）转角精密行星减速器；（d）90°行星减速器

行星减速器输出转矩可达 10 000 N·m；产品安装形式有底脚安装、法兰安装、扭力臂安装；输入输出轴有实心、空心两种类型。

行星减速器有多种规格，包含二级或三级行星轮，可以与不同种类的初级齿轮结合。一级齿轮可以是斜齿轮、锥齿轮或者斜齿轮和直齿轮的结合，具有质量小、体积小、传动比范围大、效率高、运转平稳、噪声低和适应性强等特点。

2. 蜗轮蜗杆减速器

蜗轮蜗杆减速器（见图 5-2-5）主要由传动零件（齿轮或蜗杆）、轴、轴承、箱体及其附件组成，主要用于传动比 $i>10$ 的场合。该减速器的优点是传动比较大时结构紧凑，缺点是效率低。

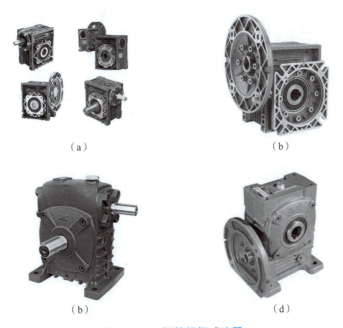

（a）　　　　　　　　　　　　　　　　　　（b）

（b）　　　　　　　　　　　　　　　　　　（d）

图 5-2-5　蜗轮蜗杆减速器
（a）RV 系列；（b）CW 系列；（c）WH 系列；（d）WP 系列

RV 系列蜗轮蜗杆减速器在符合国标《圆柱蜗杆传动基本参数》（GB/T 10085—2018）基础上，吸取国内外先进科技，独具新颖的方箱形外形结构，箱体外形美观，以优质铝合金压铸而成。RV 系列蜗轮蜗杆减速器已广泛应用于各类行业生产工艺装备的机械减速装置，是现代工业装备实现大扭矩、大速比、低噪声、高稳定机械减速传动的最佳选择。

3. 减速器 3D 模型文件获取

减速器 3D 模型文件一般可向供货商索取，或者从米思米官网下载同型号的减速器来替代。

参 考 文 献

[1] 成大先. 机械设计手册 [M]. 6版. 北京：化学工业出版社，2018.

[2] 王先逵. 机械加工工艺手册 [M]. 3版. 北京：机械工业出版社，2023.

[3] 马璇，陈荣强. 机械基础 [M]. 北京：机械工业出版社，2018.

[4] 金钟庆，从岩，王子剑. SolidWorks 2022 完全自学一本通（中文版）[M]. 北京：电子工业出版社，2022.

[5] 胡仁喜，崔秀梅，万金环. SOLIDWORKS 2022 有限元、虚拟样机与流场分析从入门到精通 [M]. 北京：机械工业出版社，2023.